U0084932

42款鮮奶油擠花蛋糕

韓國甜點裝飾首席名師 Congmom 精選！

解鎖 3 種鮮奶油霜＋4 種淋面甘納許＋4 種蛋糕體黃金配方與技法，加贈 9 款 DIY 圖紋刮片

Congmom 鄭賀蠕——著

賴姵瑜——譯

朱雀文化

活用基本技巧
做出多變化的鮮奶油蛋糕裝飾

2018年冬，Congmom（荳媽，我的藝名）的蛋糕日記系列踏出了第一步。在我的第一本書《韓式鮮奶油擠花・抹面・夾層》中，我像平日課堂教學般，於書中詳細介紹了鮮奶油蛋糕造型的基礎，包括抹面、擠花等技巧。

2021年春，我的第二本書出版了。此書以兒童節、萬聖節、聖誕節等特別節日為主題，介紹可以輕鬆製作，並且充滿有趣創意的蛋糕和各種甜點。

同年冬天，我打算結合這段期間研究出來的新技術，以及既有技術，出版第三本蛋糕造型書。這本書中收錄了可紀念特殊日子、可融入季節風味，蘊含豐富造型設計與故事的蛋糕。

這次，我在書中分享課堂上教過的蛋糕造型，以及經過多次測試完成的豐富蛋糕造型。如果說《韓式鮮奶油擠花・抹面・夾層》側重於蛋糕裝飾的「基本技巧」，那這本新書則是以「應用技巧」為主，強調活用基本技巧，做出多變化的鮮奶油蛋糕裝飾。

希望讀者們透過我的作品，能親身感受到以鮮奶油裝飾蛋糕的無限可能。只要勤加練習、掌握書中說明的各種技巧，必定能創作出獨具風格的新設計。

衷心感謝將我腦中想法化為現實，讓大家都能夠看見的THE TABLE出版社同仁們；謝謝充滿熱情，始終陪伴著我的Congmom蛋糕老師石智恩、李荷英；還有最重要的，感恩一直支持我的親愛家人，以及眾多學員們。

2021年冬　鄭賀蠕Congmom

CONTENTS
目錄

第1課
製作前先看這裡

這個單元先從基本的材料、工具介紹起，
接著學會烘烤多種口味的海綿蛋糕體。
最後認識蛋糕裝飾的要角——動物性鮮奶油，
並能熟練不同程度的打發鮮奶油。

01.

認識工具與材料

① 手提電動攪拌器

打發鮮奶油時使用。攪打鮮奶油的狀態變化迅速，因此手提電動攪拌器必須能快速控制，推薦使用採橫切調速、操作簡單的旋風牌(TORNADO)或凱伍德牌(KENWOOD)產品。韓國烘焙界常用的雷克瑟牌(Luxel)手提電動攪拌器是採按鍵調速，相較於狀態變化迅速的打發鮮奶油，更適合用在攪打麵團。

② 擠花袋＆立架

擠花袋用來裝填鮮奶油，擠花做出造型。裝填鮮奶油霜時，若能備妥固定擠花袋的立架，裝填會更方便。動物性鮮奶油適合用14吋的擠花袋。若擠花袋太大，鮮奶油霜在裝填、整理的過程中，容易造成油脂分離。使用過的擠花袋內可能殘留酸壞的鮮奶油霜，所以不可重複使用。

③ 蛋糕轉枱

建議選購一般糕點師和專家愛用的金屬鋁合金蛋糕轉枱(直徑31公分、高10公分)。轉枱下方使用橡膠處理，可以防滑；本體使用金屬鑄造，具重量，操作時不會輕易晃動；表面上畫有三圈線，有助於抓取不同尺寸蛋糕的重心。如果長期採用一般蛋糕轉枱，用久了上方轉盤會變得容易晃動。

④ 木製蛋糕胚模型

用來練習蛋糕抹面的模型。韓國標準模型的直徑為1號(6吋，約15公分)、2號(7吋，約18公分)和3號(8吋，約21公分)。木製蛋糕胚模型可以在韓國首爾的芳山市場或網路購物中心買到。

⑤ 造型花嘴

用在抹面好的蛋糕上，將鮮奶油霜擠出各種造型。依花嘴形狀可擠出水滴、愛心、花朵等造型。本書使用的大部分是容易取得的韓國製花嘴。

⑥ 抹刀

操作1號(6吋)、2號(7吋)蛋糕抹面時，通常使用8吋抹刀。日本製抹刀輕巧刃薄，很適合用在輕巧的鮮奶油蛋糕抹面，但由於刀刃太薄，蛋糕側邊抹面時容易歪斜，必須注意調整力道。製作巧克力裝飾或馬林糖片時，L字形抹刀很方便。戚風蛋糕刀用於戚風蛋糕脫模，或者蛋糕窄面抹面也很實用。

⑦ 刮刀

用來整平鮮奶油霜紋理、翻拌或挖取鮮奶油。刀刃輕薄、附有握柄的刮刀較適合處理輕盈的鮮奶油。

⑧ 鋼盆

雖然在練習時，寬口盆比較方便抹刀或刮刀挖起鮮奶油，但實際操作時，窄深的U字形鋼盆則以輕薄取勝。

⑨ 抹面刮片

蛋糕側邊抹面時，除了抹刀以外，還可以用各種工具製作造型，像是用於圓形蛋糕抹面的方角刮片、做出各種圖紋的側邊裝飾刮板、用於圓弧蛋糕的不鏽鋼圓弧刮片等。除了用市售產品，也可以把材質硬挺但容易彎曲的塑膠片，裁成想要的尺寸樣式，或委託企業直接製作。

＊本書使用的抹面刮片，可參照 P.222。

① 圓形海綿蛋糕烤模

本書使用的海綿蛋糕烤模是直徑15公分、高7公分的1號（6吋）圓形模。書中多直接使用直徑15公分的海綿蛋糕，有時考量到成品美觀和適合操作的尺寸，會拿直徑13公分的圓形慕斯圈，裁切直徑15公分的海綿蛋糕後使用。

② 方形海綿蛋糕烤模和正方形＆長方形慕斯圈

書中用到的方形蛋糕，大多是取18公分的正方形模烤製海綿蛋糕，再用15公分的正方形慕斯圈裁切。建議根據蛋糕造型，用各種尺寸的正方形、長方形慕斯圈裁切後再使用。

③ 心形慕斯圈

這裡運用到各種尺寸的心形慕斯圈，不僅用來裁切蛋糕片，還可以裁切塑型翻糖，製作玫瑰花瓣。

④ 花形慕斯圈

書中使用的花形蛋糕，是以直徑18公分的2號（7吋）圓形烤模製作海綿蛋糕，再用15公分的1號（6吋）花形慕斯圈裁切使用。

⑤ 環形戚風蛋糕烤模

本書使用韓國製的直徑18公分環形戚風蛋糕（也稱天使蛋糕、空心圓模）烤模。

02.

動物性鮮奶油的種類和特徵

　　動物性鮮奶油可以根據乳脂肪的含量來分類。通常我們喝的牛奶，乳脂肪濃度為3.4～3.5％，含量非常稀薄，如果乳脂肪含量達到10倍左右，濃度高達35％以上，就能夠打發，用來製作鮮奶油蛋糕。以下介紹韓國常見的市售鮮奶油種類。

乳脂肪含量	36%	38%	41%	45%
廠牌（品名）	Denmark S	Denmark、首爾牛奶、每日牛奶、每日牛奶R、Binggrae、釜山牛奶等	每日牛奶	巴斯德
口感	乳脂肪含量越高，更具獨特的濃醇口感與風味。			
色澤	乳脂肪含量越高，更顯象牙白色。			
黏性	乳脂肪含量越高，稠度越高。			

　　鮮奶油的乳脂肪含量越高，口感風味越濃醇，打發時的黏度高，而且略呈黃色。有些人偏好高乳脂肪含量的鮮奶油，喜歡它的特有口感與風味，但有些人則覺得高乳脂鮮奶油比較油膩，我想向這些人推薦乳脂肪含量38％的鮮奶油，口感比較清爽。

　　「每日牛奶」（매일우유）有三種鮮奶油在市面流通。38％鮮奶油和41％ 鮮奶油的口感、色澤、黏性差異不大，不過，38％R鮮奶油的口感濃醇，顏色較深，黏度也偏稠，比起一般鮮奶油，要花約四倍時間打發，性質類似外國常用的英國風車牌動物性鮮奶油（Millac Dairy Whipping Cream），或是法國愛樂薇動物性鮮奶油（Elle & Vire Whipping Cream）。

　　「巴斯德」（파스퇴르）鮮奶油的乳脂肪含量45％，口感香濃，黏性也偏稠。由於打發後的鮮奶油霜比較重，更適合用在蛋糕體同樣更具重量，以米製的海綿蛋糕的鮮奶油霜夾餡。其他鮮奶油商品主要以500毫升為單位，而且保存期限較短，只有5～7天，而巴斯德鮮奶油的殺菌包裝以1公升為單位，保存期限長達2週。

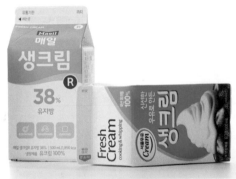

03

鮮奶油的打發程度

打至6分發

- 提起手提電動攪拌器的攪拌棒時，鮮奶油霜會緩緩滴落的程度。
- 鮮奶油蛋糕作業中，這種打發程度主要用來製作甘納許鮮奶油霜。

打至7分發

- 鮮奶油霜從刮刀滴下時，會出現紋路，但又立刻消散的程度。
- 分裝出抹面用鮮奶油霜，放入冰箱熟成的打發程度。

打至8分發

- 用刮刀翻拌鮮奶油霜時，鮮奶油霜會緩緩下垂的程度。
- 鋼盆內鮮奶油留有水分的狀態。
- 適合用於混合餅乾粉或天然粉末等材料的打發程度。

——餅乾粉或天然粉末有吸收水分的性質，適合在鮮奶油打至8分發程度的較稀狀態加入混合。

——如果用8分發做蛋糕抹面，鮮奶油牆可能會流下來，無法挺立，蛋糕體表面也可能搖晃，抹面後蛋糕底部會產生水氣。

打至8.5分發

- 用刮刀翻拌鮮奶油霜時，鮮奶油霜分兩側的刮刀劃線明顯，且鮮奶油霜的尖端會自然翻彎的程度。
- 鮮奶油霜表面呈光滑狀態。
- 可以多次修正，進行抹面的打發程度。

——若是第一次抹面或不熟悉操作的新手，推薦這個打發程度。鮮奶油霜的狀態還是偏稀，抹面可以進行多次。

打至9分發

- 用刮刀翻拌鮮奶油霜時，鮮奶油霜完全不會下垂，翻拌形態維持不變的程度。
- 鮮奶油霜處於有力量，但仍然柔軟的狀態。
- 鮮奶油霜的表面開始感覺有點粗糙的狀態。
- 適合抹面一次完成的打發程度。
- 甜點咖啡館會用在夾層鮮奶油霜的打發程度

——若是能快速完成抹面的熟手，推薦這個打發程度。

——鮮奶油打至9分發時，特有的清爽口感開始轉為油膩。在這個打發程度，蛋糕造型能夠維持，所以甜點咖啡館常用在塗抹在蛋糕分層之間的夾層。

完全打發

- 用刮刀翻拌鮮奶油霜時，鮮奶油霜不會下垂，完全向上挺起的程度。
- 鮮奶油霜堅挺，表面粗糙感強烈的狀態。
- 在蛋糕造型裝飾課程中，主要用以當作夾層鮮奶油霜的打發程度。

——蛋糕造型裝飾課程中，以造型的維持和保存為優先。打至9分發或完全打發的鮮奶油霜很適合維持蛋糕造型，所以用來當作夾層鮮奶油霜。

過度打發

- 鮮奶油的固形物與水分分離的狀態。
- 無法用在抹面、夾層鮮奶油霜的打發程度。

小訣竅

讀者們可以用手機掃描右邊的QR CODE影片觀看，進一步仔細確認打發程度和質感，有利於後續操作。

裝飾鮮奶油霜

抹面鮮奶油霜

夾層鮮奶油霜

認識不同用途的鮮奶油霜

本書按照鮮奶油霜用於蛋糕抹面的用途，分成「夾層鮮奶油霜」、「抹面鮮奶油霜」、「裝飾鮮奶油霜」。現在，一起認識各種鮮奶油霜的用途和用法。

夾層鮮奶油霜

指塗抹在蛋糕分層之間的鮮奶油霜。鮮奶油霜的用量和夾層厚度，會依是否單純用鮮奶油霜夾餡，或同時加上水果等夾餡而有所不同。

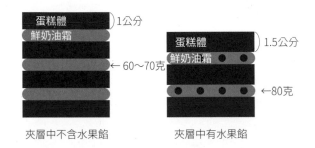

夾層中不含水果餡　　　　夾層中有水果餡

鮮奶油霜的種類	夾層中不含水果餡	夾層中有水果餡
夾層鮮奶油霜	(60～70克)×3片=180～210克	80克×2片=160克
抹面鮮奶油霜	160～170克	180～190克
裝飾鮮奶油霜	70～90克	70～90克

抹面鮮奶油霜

塗抹夾層鮮奶油霜，疊上蛋糕片完成夾餡後，覆蓋在蛋糕整體上的鮮奶油霜，就是「抹面鮮奶油霜」。有時會將糖煮水果、甘納許等混入鮮奶油使用。〈第2課　製作以鮮奶油為基底的各種鮮奶油霜〉將說明各種鮮奶油霜的做法。

裝飾鮮奶油霜

運用各種不同形狀花嘴，在抹面好的蛋糕上做裝飾的鮮奶油霜，叫作「裝飾鮮奶油霜」。依花嘴的形狀、用法，可做出多樣造型的裝飾蛋糕。

蛋糕分層

步驟

01 蛋糕烤好後，去除側邊的烘焙紙，保留蛋糕底面的烘焙紙，進行剖片分層。

02 水平放置0.2公分厚的角棒（韓式蛋糕分片器），用麵包刀切掉黏著烘焙紙的蛋糕底面。

03 按照想要的厚度，使用角棒切分蛋糕。切片時，用左手固定蛋糕上面，麵包刀貼著角棒橫切。

04 切好想要的蛋糕厚度和片數，用保鮮膜包好，或是放入塑膠袋密封保存。

TIPS

❶ 蛋糕底面要黏著烘培紙才好切，切下來的蛋糕底面不使用。

❷ 這時候，壓著蛋糕的手別太用力，裁切的蛋糕厚度才能均勻。

基本圓形蛋糕的夾餡與抹面

步驟

夾餡

01 第一層蛋糕放到轉枱中央，用刮刀取一勺鮮奶油霜，放在第一層蛋糕上。

02 轉動轉枱，一邊用抹刀來回推抹鮮奶油霜，將鮮奶油霜抹開。

03 一手保持抹刀不動，一手轉動轉枱，將表面的鮮奶油霜均勻抹平整。

04 一手垂直拿抹刀，一手轉動轉枱，刮除側邊多餘的鮮奶油霜。

05 從蛋糕體邊緣向內約1公分處，鋪上夾餡材料，再放上足以蓋住夾餡材料的鮮奶油霜。

06 用抹刀將鮮奶油霜抹開，使能完整覆蓋夾餡材料。

鮮奶油牆

07 一手垂直拿抹刀，一手轉動轉枱，刮除側邊多餘的鮮奶油霜。

08 用抹刀從外往內刮掃，抹平鮮奶油牆。

09 以相同方法將蛋糕疊至想要的高度，完成夾餡。

抹面

10 放上足以流下蛋糕側邊的鮮奶油霜。

11 轉動轉枱，一邊用抹刀來回推抹鮮奶油霜，將鮮奶油霜抹開。

12 一手保持抹刀不動，一手轉動轉枱，將表面的鮮奶油霜均勻抹平整。

13 垂直拿著抹刀，以「前後前後」的手勢大幅移動，將流下蛋糕側邊的鮮奶油霜均勻抹開。

14 用抹刀做側邊抹面，將鮮奶油霜抹至蛋糕底部。

15 一邊操作，不時清理掉到底下的鮮奶油霜。

TIPS

較高的蛋糕鮮奶油霜可能塗不到底部，這時，可用抹刀挖取鮮奶油霜，塗滿沒有鮮奶油的地方。

16 用抹刀從外往內刮掃，抹平鮮奶油牆。

17 這是抹面完成的蛋糕。

第2課
製作以鮮奶油為基底的
各種鮮奶油霜

鮮奶油霜是蛋糕裝飾的最主要材料，

以下將介紹本書常使用的

白鮮奶油霜、糖煮水果鮮奶油霜（夾層用、抹面用），

以及甘納許鮮奶油霜的做法。

白鮮奶油霜

材料

鮮奶油、細砂糖（鮮奶油份量的10%）

放入細砂糖的理由，是為了增添鮮奶油霜表面的光澤、維持造型、方便作業、調整糖度。

在「第5課 蛋糕造型實作」中使用的夾層鮮奶油霜、抹面鮮奶油霜、裝飾鮮奶油霜，是將所有材料放入鋼盆，依用途打發至適當程度後使用。

01 將鮮奶油和細砂糖一起放入墊著冰塊水的鋼盆，手提電動攪拌器調至低速（第1段）輕輕攪打，直到細砂糖溶解。

02 當細砂糖完全溶解，鮮奶油表面呈現光澤，開始出現小氣泡時，將攪拌器調至中速（第2段）打發。

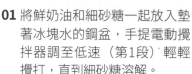

03 鮮奶油膨發後，攪拌棒劃經之處開始看到明顯紋路時，以低速打發，邊平整鮮奶油霜紋理和氣泡，邊打發到最終理想程度。

04 用刮刀翻拌鮮奶油霜時，翻過去的線條明顯，尖端也微微下垂，同時鮮奶油霜的表面呈光滑狀態，就是適合抹面的打發程度。

TIPS

❶ 目前鮮奶油仍是液體狀態，所以用低速打發，避免鮮奶油濺到鋼盆外。

❷ 鮮奶油的蓬鬆感很重要，用中速打發時，一邊旋轉鋼盆，一邊快速打發。

材料

糖煮水果

果泥1000克

細砂糖500克

＊視需要準備適量的果泥和
　細砂糖，兩者比例為2:1。

夾層用糖煮水果鮮奶油霜

糖煮水果40克

鮮奶油200克

細砂糖16克

抹面用糖煮水果鮮奶油霜

糖煮水果40克

鮮奶油180克

細砂糖15克

＊上方材料為以1公分厚海綿
　蛋糕疊起5片的1號(6吋)圓
　形蛋糕為基準。

＊「第5課 蛋糕造型實作」中放
　入糖煮水果的鮮奶油霜，全
　都用同一方法製作。（將所
　有材料放入鋼盆，依用途打
　發至適當程度後使用。）

TIPS

❶ 步驟01中使用的是覆盆子
　果泥，但不管何種果泥，
　做法都一樣。

❷ 步驟02操作時為避免黏鍋，
　要一邊煮一邊持續攪拌。

❸ 步驟03中，將完成的糖煮
　水果放入密封保鮮盒以冷
　藏保存，建議在1個月內用
　完為佳。

糖煮水果鮮奶油霜

步驟

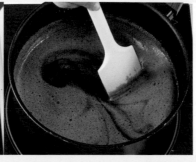

01 製作糖煮水果：冷凍果泥切小塊，放入大鍋中加熱至融化，加入細砂糖熬煮。

02 等細砂糖完全溶解，用刮刀均勻攪拌，然後以中火煮滾。

03 整個煮滾立刻關火，用裝有冰塊水的鋼盆墊在下面，將糖煮水果迅速冷卻。

POINTS

製作糖煮水果時，若將冷凍果泥直接整塊放入鍋子，需較長時間融化，觸碰鍋底的果泥可能會燒焦或糊掉。建議在煮製前一天，先將冷凍果泥移至冷藏，使其變成液體。

04 製作糖煮水果鮮奶油霜：將糖煮水果(此處為藍莓果泥)、鮮奶油和細砂糖放入墊著冰塊水的鋼盆，將攪拌器調至低速(第1段)慢慢攪打。

05 等細砂糖完全溶解，糖煮水果攪勻，將攪拌器調至中速(第2段)打發，讓鮮奶油霜膨發。

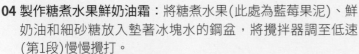

06 鮮奶油霜打至膨發後，攪拌器調至低速打發，邊平整鮮奶油霜的紋理，邊打發到最終理想程度。

07 用刮刀翻拌鮮奶油霜時，翻過去的線條明顯，尖端也微微下垂，表面呈光滑，**是最適合抹面鮮奶油霜的程度**。此外，這裡再稍微打發，達到鮮奶油霜尖端不會翻過去的狀態，**就是適合夾層鮮奶油霜的打發程度**。

甘納許鮮奶油霜

材料	步驟

材料

黑巧克力、鮮奶油（甘納許用）、鮮奶油（打發用），請以1：1：3的比例準備

TIPS

打發甘納許鮮奶油霜時，若將裝有冰塊水的鋼盆墊在下面，由於巧克力的特性，鮮奶油霜可能會變硬，建議打發時，將裝有冰塊水的鋼盆墊一下就移開，如此反覆操作。

01 製作甘納許： 準備等量的黑巧克力和鮮奶油（甘納許用）。

02 黑巧克力和鮮奶油(甘納許用)分別隔水加熱，或用微波爐(間斷性攪拌)加熱至融化。

03 將融化的黑巧克力倒入溫熱狀態的鮮奶油（甘納許用）中，混合均勻。

04 為了讓做好的甘納許能與打發的鮮奶油攪拌混合，請於室溫將甘納許的溫度降至30℃。

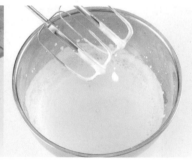

05 製作甘納許鮮奶油霜： 將鮮奶油(打發用)攪打至稀稀的 5、6 分發。

06 將放涼至30℃的甘納許倒入打發的鮮奶油中，以低速（第1段）打發。

07 甘納許鮮奶油霜的打發速度快，所以必須以低速打發至完成。

第3課
製作各種淋面用甘納許

這個單元要介紹蛋糕裝飾中很常用到的甘納許，

用在淋面能使蛋糕更優雅高級。

口味上，以白甘納許、草莓甘納許、

芒果甘納許和黑巧克力甘納許為主，

做法簡單、用途極廣，讀者們一定要學會！

白甘納許

材料

白巧克力、鮮奶油，請以3：1
的比例準備。

TIPS

❶ 步驟01融化的過程中，注意別
讓溫度升得太燙。

❷ 若是用於淋面，最好完全乳化
後再使用。

步 驟

01 將白巧克力和鮮奶油分別
以隔水加熱的方式融化，
或者用微波爐每30秒取出
攪拌的方式融化。

02 將融化的白巧克力、溫熱的鮮
奶油混合均勻。

03 放入少許白色色素（二氧
化鈦）拌勻。

04 用均質機拌勻乳化後使用。

草莓甘納許

材料

白巧克力、草莓果泥，請以
1：1的比例準備。

TIPS

❶ 步驟01融化的過程中，注意別
讓溫度升得太燙。

❷ 若是用於淋面，最好完全乳化
後再使用。

步驟

01 將白巧克力和草莓果泥分
別以隔水加熱的方式融
化，或者用微波爐每30秒
取出攪拌的方式融化。

02 將融化的白巧克力、草莓果泥
混合均勻。

03 混拌完成的甘納許色澤會
比較暗。

04 放入少許白色色素（二氧化
鈦）拌勻。

05 用均質機拌勻乳化後使用。

芒果甘納許

材料

白巧克力、芒果果泥，請以1：1的比例準備。

步驟

01 將白巧克力和芒果果泥分別以隔水加熱的方式融化，或者用微波爐每30秒取出攪拌的方式融化。

02 將融化的白巧克力、芒果果泥混合均勻。

03 完成的芒果甘納許在室溫完全放涼後使用。

黑巧克力甘納許

材料

黑巧克力、鮮奶油，請以1：1的比例準備。

步驟

01 將黑巧克力和鮮奶油分別以隔水加熱的方式融化，或者用微波爐每30秒取出攪拌的方式融化。

02 將融化的黑巧克力、鮮奶油混合均勻。

03 完成的巧克力甘納許放涼，依用途待溫度降至30～35℃溫涼狀態後使用。

第**4**課
製作海綿蛋糕和戚風蛋糕

書中的蛋糕作品，是以海綿蛋糕、戚風蛋糕為底。

因此，學會這兩種最基本的蛋糕體，

是學好蛋糕裝飾的第一步。

以下除了告訴大家如何製作好吃的原味海綿與戚風蛋糕，

也一起分享巧克力和草莓等風味蛋糕的配方比例和做法。

原味海綿蛋糕

材料	成品尺寸
全蛋135克	1號圓形蛋糕
細砂糖100克	（6吋，直徑15公分、高7公分）
低筋麵粉90克	
玉米澱粉10克	
奶油15克	
牛奶25克	

01 輕輕將雞蛋打散，加入細砂糖攪拌。

02 放到裝有熱水的鋼盆上，以蒸氣隔水加熱至35～40°C。

03 從熱水鋼盆上移開，用高速(第3段)攪打至起泡。

04 將空氣打入蛋液增加體積後，改以低速（第1段）打發，至蛋液出現細緻氣泡，整體呈光滑狀態。

05 加入過篩的低筋麵粉、玉米澱粉，用橡膠刮刀攪拌。

06 快速攪拌至看不見粉粒。攪拌時要注意，盡量不要太用力，以免消泡。

07 取部分麵糊，加入事先融化好的奶油、溫牛奶攪拌。

08 將步驟**07**倒回剩下的麵糊中，攪拌至呈光滑狀。烤模鋪好烘焙紙。

09 將麵糊倒入烤模，放入預熱至170°C的烤箱中，調降至160°C烘烤25～30分鐘。蛋糕脫模後置於散熱架上放涼。

巧克力海綿蛋糕

材料	成品尺寸
全蛋150克 細砂糖110克 低筋麵粉75克 可可粉25克 奶油15克 牛奶22克	1號圓形蛋糕 （6吋，直徑15公分、高7公分）

步　驟

01 輕輕將雞蛋打散，加入細砂糖攪拌。

02 放到裝有熱水的鋼盆上，以蒸氣隔水加熱至35～40℃。

03 從熱水鋼盆上移開，用高速(第3段)攪打至起泡。

04 將空氣打入蛋液增加體積後，改以低速（第1段）打發，至蛋液出現細緻氣泡，整體呈光滑狀態。

05 加入過篩的低筋麵粉、可可粉，用橡膠刮刀攪拌。

06 快速攪拌至看不見粉粒。攪拌時要注意，盡量不要太用力，以免消泡。

07 取部分麵糊，加入事先融化好的奶油、溫牛奶攪拌。

08 將步驟07倒回剩下的麵糊中，攪拌至呈光滑狀。烤模鋪好烘焙紙。

09 將麵糊倒入烤模，放入預熱至170℃的烤箱中，調降至160℃烘烤25～30分鐘。蛋糕脫模後置於散熱架上放涼。

草莓海綿蛋糕

材料	成品尺寸
全蛋150克	1號圓形蛋糕
細砂糖100克	(6吋，直徑15公分、高7公分)
紅色色素少許	
低筋麵粉90克	
覆盆子草莓果汁粉末7克	
奶油15克	
牛奶22克	

01 輕輕將雞蛋打散，加入細砂糖攪拌，放到裝有熱水的鋼盆上，以蒸氣隔水加熱至35～40℃。

02 從熱水鋼盆上移開，用高速（第3段）攪打至起泡。建議將裝有奶油和牛奶的盒子放在熱水鋼盆上增溫。

03 將空氣打入蛋液增加體積後，放入少許紅色色素打發，加入3～4滴為宜。

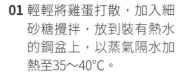

04 改以低速（第1段）打發，至蛋液出現細緻氣泡，整體呈光滑狀態。

05 加入過篩的低筋麵粉、覆盆子草莓果汁粉末，用橡膠刮刀攪拌。

06 快速攪拌至看不見粉粒。攪拌時要注意，盡量不要太用力，以免消泡。

07 取部分麵糊，加入事先融化好的奶油、溫牛奶攪拌均勻。

08 將步驟**07**倒回剩下的麵糊中，攪拌至呈光滑狀。烤模鋪好烘焙紙。

09 將麵糊倒入烤模，放入預熱至170℃的烤箱中，調降至160℃烘烤25～30分鐘。蛋糕脫模後置於散熱架上放涼。

原味戚風蛋糕

材料	成品尺寸
蛋黃40克	2號圓形蛋糕
細砂糖（A）15克	（7吋，直徑18公分、高6公分）
奶油42克	
牛奶40克	
煉乳15克	
鹽少許	
低筋麵粉60克	
泡打粉1/3小匙	
蛋白110克	
細砂糖（B）65克	

TIPS

將烤好的戚風蛋糕整個倒轉過來放涼。待戚風蛋糕完全冷卻後，用圓形刮板輔助烤模邊緣和底部乾淨脫模，再用手按著戚風蛋糕烤模的中間柱抽出，即可輕鬆脫模。

01 將蛋黃、細砂糖(A)放入鋼盆中，以手提電動攪拌器攪打至蛋液變白。

02 加入事先融化好的奶油、溫牛奶、煉乳和少許鹽，輕輕攪拌均勻。

03 將低筋麵粉、泡打粉過篩後加入步驟**02**。

04 攪拌至看不見粉粒。

05 先蓋上濕毛巾備用。

06 取另一個鋼盆，放入蛋白，分次加細砂糖(B)並打發。

07 攪打成細密扎實的蛋白霜狀態。

08 將蛋白霜分成3次加入步驟**05**，並用刮刀輕輕攪拌成光滑的麵糊。

09 將麵糊倒入模型，裝模後用尖形工具整平。放入預熱至170℃的烤箱中烘烤32～35分鐘。

Lesson5

第5課
蛋糕造型實作

終於要進入蛋糕造型實作課程了！
我們要將前面學會的甘納許、鮮奶油霜和蛋糕體，
搭配上一本書的基本技巧，運用在更多造型蛋糕上。
接下來，我會以形狀區分，教大家如何做裝飾花形、
巧克力飾帶、心形、圓弧形、環形、方形，
以及雙層、三層、聖誕蛋糕等，
只要跟著步驟圖操作，成功機率非常高。

花形蛋糕夾餡與抹面

〈步驟〉

夾餡

01 蛋糕裁成花形備用，將滿滿一刮刀的鮮奶油霜放到蛋糕片上。

02 一邊轉動轉枱，一邊用抹刀配合花瓣形狀來回推抹鮮奶油霜，將鮮奶油霜抹開。

03 依5片花瓣的形狀，將鮮奶油霜全部均勻抹開，在保持抹刀不動的狀態下，轉動轉枱，抹平表面的鮮奶油霜。

04 以逆時鐘方向，平整每片花瓣的鮮奶油霜至半瓣處。

05 這次反過來操作。還沒有平整的另外半瓣，以順時鐘方向平整鮮奶油霜。

06 抹平鮮奶油牆後，用相同的方法疊上蛋糕片夾餡。

TIPS

❶ 步驟**01**中，用的是1號（6吋）花形慕斯圈（15公分）裁剪的1公分高蛋糕片。

❷ 步驟**02**中，如果還不熟悉用抹刀做花形夾餡，也可將鮮奶油霜裝入擠花袋中，擠花做成夾餡鮮奶油霜。

❸ 步驟**06**時，將抹刀朝往花瓣接縫方向抹平鮮奶油牆，短時間內就能平整乾淨。

抹面

07 這是1公分厚花形蛋糕疊起5片,並且完成夾餡的樣子。

08 放上足以流下蛋糕側邊的鮮奶油霜,以抹刀一瓣一瓣推抹鮮奶油霜。

09 將5片花瓣的鮮奶油霜均勻抹開,保持抹刀不動,轉動轉枱,抹平表面的鮮奶油霜。

10 用從表面流下來的鮮奶油霜,將鮮奶油霜抹到蛋糕側邊,築出鮮奶油牆。

11 花瓣其中半瓣以逆時鐘方向、剩下的半瓣以順時鐘方向抹面,築出鮮奶油牆。

12 挖取和蛋糕等高的鮮奶油霜,抹到蛋糕側邊下方沒有鮮奶油霜的地方。

13 用相同的方法,將下方的鮮奶油霜也抹勻,重複逆時鐘、順時鐘方向塗抹鮮奶油霜。

14 為了呈現完美的花形，請用刮板俐落完成側邊和底部抹面。

15 用抹刀抹平鮮奶油牆。

16 抹面完成的蛋糕外觀。

TIPS

❹ 步驟**14**的操作重點，在於使用方角刮片來強化花瓣接縫的尖角。

❺ 步驟**15**與夾餡時一樣，若朝往花瓣接縫方向抹平鮮奶油牆，短時間內就能平整乾淨。

❻ 步驟**16**做裝飾時，要先確定正面位置之後再開始作業。

Cake 01.

康乃馨鮮花蛋糕

這是適合慶祝母親節、父親節和教師節的花形造型蛋糕。

「如何在短時間內用鮮奶油製作花形蛋糕？如何能一步步完成抹面？」

正在煩惱時，突然靈機一動：「啊！應用心形抹面方法就對了！」

只要理解構成圖形的線條，就算是具有難度的動物性鮮奶油抹面，

也可以觸類旁通，應用到造型更特別的蛋糕上。

就用花形抹面、褶邊擠花和哥倫比亞康乃馨完成的康乃馨鮮花蛋糕，

傳達你的感謝心意吧！

海綿蛋糕 GENOISE	鮮奶油霜 CREAM
	夾層鮮奶油霜
原味海綿蛋糕（參照P.32）	鮮奶油200克、細砂糖20克、
花形15公分，厚1公分—5片	草莓糖煮水果（參照P.25）50克
＊用直徑15公分花形慕斯圈（1號）	**抹面＆裝飾鮮奶油霜**
裁剪直徑18公分海綿蛋糕備用	鮮奶油250克、細砂糖20克、櫻桃糖煮水果（參照P.25）100克

工具 TOOLS	裝飾 DECORATION
花形慕斯圈（1號）、抹刀、	
682號花嘴、刮板	哥倫比亞康乃馨3朵

〈步驟〉

01 參照 **P.42**，完成花形蛋糕夾餡與抹面備用。

02 花嘴的開口朝向蛋糕外側，並將花嘴稍微懸空提起，維持45°角開始擠花。

03 一邊轉動轉枱，一邊配合花形，將鮮奶油霜擠成圓弧狀。

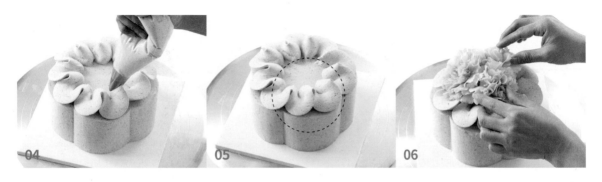

04 花嘴拉開時不要出力，直接將花嘴移至蛋糕內側，可避免鮮奶油霜出現尖角。

05 擠花完成。每片花瓣都有兩朵擠花，完成的花形才會形狀大小一致。

06 將鮮花放在蛋糕中間，大功告成囉！

TIPS

❶ 步驟03中，配合擠花的速度，左手轉動轉枱，右手擠出大朵的花瓣褶邊。

❷ 步驟06放上鮮花時，比起一朵一朵分開放，建議先抓好3朵花的模樣一次放上。

技法教學！

白巧克力塑型翻糖

材料 INGREDIENTS

巧克力色素

可可脂100克、白色色素（二氧化鈦）10克

白巧克力塑型翻糖

可可脂80克、30˚波美糖漿110克、玉米糖漿190克、白巧克力520克、

巧克力色素100克

＊30˚波美糖漿，是指水與細砂糖以100：135的比例混合使用。

＊巧克力色素為自製材料後使用。

〈步驟〉

巧克力色素

01 準備好可可脂、白色色素
(二氧化鈦)備用。

02 預先融化可可脂，然後放入
白色色素，用均質機攪拌均
勻，做成巧克力色素。

白巧克力塑型翻糖

03 將可可脂、30°波美糖漿、玉米糖漿放入鍋中，加熱至鍋子中央滾沸，立刻關火。

04 將步驟**03**均勻倒入裝有白巧克力的鋼盆中。

05 將做好的巧克力色素倒入步驟**04**中。

06 等待10秒讓熱度散開，然後用刮刀快速攪拌。

07 將所有材料攪拌均勻，快速攪拌直到糖糊產生具有光澤的鬆軟質感。

08 放入密封袋壓平，冰箱冷藏熟成1天以上即可使用。

TIPS

❶ 步驟**03**中，因可可脂不易融化，必須用刮刀攪拌加熱。如果溫度上升至100℃以上，可能導致可可脂油脂分離，所以切記加熱不要超過100℃。

❷ 步驟**04**中，如果只倒在一側，巧克力會先從那部分受熱，導致油脂分離，所以務必均勻倒入。

Cake 02.

塑型芒果蛋糕

這是適合和煦春天的果籃造型蛋糕，營造出繽紛絢麗的氛圍。
裡頭是芒果口味的圓弧蛋糕，
外面包覆著軟Q牛奶糖風味的白巧克力翻糖。
豐盈飽實的芒果鮮奶油擠花，
再放上滿滿刨出來的芒果球和甜瓜球。繫上漂亮的黃色緞帶，
也與清新的春日氣息相互輝映，很適合當作禮物送人。

海綿蛋糕 GENOISE	鮮奶油霜 CREAM
	夾層＆抹面鮮奶油霜 鮮奶油200克、細砂糖20克、 芒果糖煮水果（參照P.25）40克
原味海綿蛋糕（參照P.32） 直徑13公分，厚1.5公分一 4片 ＊用直徑13公分圓形慕斯圈 裁剪直徑15公分海綿蛋糕備用	**裝飾鮮奶油霜** 鮮奶油70克、細砂糖7克、 芒果糖煮水果（參照P.25）30克

工具 TOOLS	裝飾 DECORATION
圓形慕斯圈（直徑13公分）、 抹刀、869K花嘴、塑膠刮片	白巧克力塑型翻糖（參照P.48） 25公分 12公分 ⟶ 1個 （約300克） 芒果、甜瓜、綠葉、緞帶

| 01 | 02 | 02-2 |

〈步驟〉

01 參照 P.129，完成圓弧蛋糕抹面備用。接著，將白巧克力塑型翻糖擀開，裁成長25公分、寬12公分備用。

02 將塑型翻糖環繞蛋糕側邊，如上圖所示，用拇指將兩側稍微弄彎。

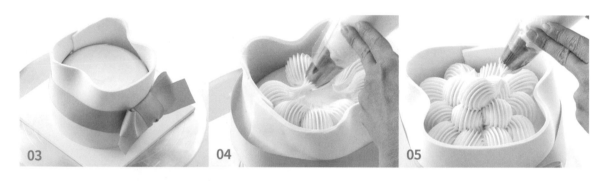

| 03 | 04 | 05 |

03 塑型翻糖的高度較高，所以再繫上4公分寬的緞帶。

04 使用869K花嘴，以傳統貝殼形擠法，擠出厚實飽滿的擠花。

05 配合果籃的高度，擠上滿滿的鮮奶油霜。

| 06 |

TIPS

❶ 步驟01處理塑型翻糖時，要用雙手手掌，注意別留下指印。

❷ 步驟02中，兩側只要彎一次，就能打造出簡約風的果籃造型。

❸ 步驟04中，擠花形狀不是傳統貝殼形也沒關係，只要呈現自然即可。

❹ 步驟05中，在要擠花的位置，將花嘴稍微懸空提起，以45°角擠花。要擠出渾圓鼓起的鮮奶油霜，必須將花嘴從下方拉開，便能自然做出鮮奶油霜的尖角。

06 放上芒果、甜瓜和綠葉裝飾，大功告成囉！

白巧克力
塑型
蛋糕

Cake 03.

塑型草莓蛋糕

冬季充滿各式各樣草莓口味的蛋糕，
這款蛋糕試圖呈現與眾不同的面貌，特別以適合聖誕節的紅色為主軸。
草莓、紅玫瑰和酒紅色緞帶，
與白巧克力塑型翻糖形成鮮明的對比，顯得更加華麗。
操作時，將塑型翻糖裁剪成三角形，會更容易包覆蛋糕。

海綿蛋糕 GENOISE	鮮奶油霜 CREAM
巧克力海綿蛋糕（參照P.34） 直徑13公分，厚1公分一5片 **＊用直徑13公分圓形慕斯圈 裁剪直徑15公分海綿蛋糕備用**	**夾層＆抹面鮮奶油霜** 鮮奶油320克、細砂糖32克、 草莓糖煮水果（參照P.25）40 克

工具 TOOLS	裝飾 DECORATION
圓形慕斯圈（直徑13公分）、 抹刀、塑膠刮片	白巧克力塑型翻糖（參照P.48） 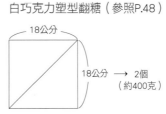 草莓、帶梗櫻桃、玫瑰花瓣、 食用金箔、緞帶

01-1　01-2　02

〈步驟〉

01 參照 P.129 ，完成圓弧蛋糕抹面備用。用雙手手掌，注意別留下指印，將塑型翻糖往蛋糕側邊貼上，注意別讓兩端翹起來。

02 正對面也將塑型翻糖同樣貼上。

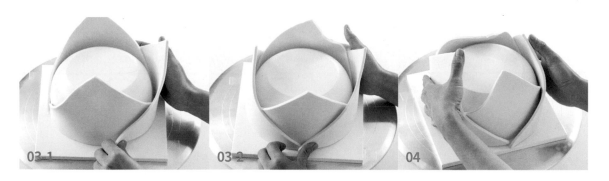

03-1　03-2　04

03 兩旁也將塑型翻糖同樣貼上。

04 將4片塑型翻糖全部貼上後，用手掌做出翻糖上端彎向蛋糕內側的造型。

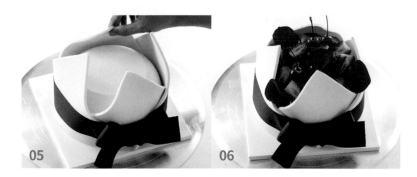

05　06

05 使塑型翻糖上端向蛋糕內側微彎，重點在於做出果籃造型。繫上寬2.5公分的酒紅色緞帶。

06 用草莓、帶梗櫻桃、玫瑰花瓣、食用金箔裝飾出華麗感，大功告成囉！

> **POINTS** 若用直徑15 公分的1號(6吋)圓形蛋糕，先將塑型翻糖裁剪為長、寬各20 公分的方形，再沿對角線剪開備用；若用直徑13公分的，則將塑型翻糖裁剪為長、寬各18公分的方形，再沿對角線剪開備用。為了讓成品的尺寸最漂亮，本作品使用直徑13公分慕斯圈，裁剪直徑15公分蛋糕來製作。

Cake 04.

大朵花蛋糕

想到 5 月玫瑰花季、5 月 14 日的黃色與玫瑰情人節,於是便製作了這款巨大的玫瑰形蛋糕。

塑型翻糖表現的花瓣之中,隱藏著會讓人聯想到玫瑰花苞的圓弧蛋糕。

採用塑型翻糖製作的花瓣,最好在短時間內黏到蛋糕上,

不然翻糖因手溫變軟,就很難黏到蛋糕上做造型了。

如果時間拖延導致操作發生困難,可在貼上蛋糕之前,

先把裁好的翻糖暫時放入冰箱冷藏,變硬之後再取出黏到蛋糕上,這樣操作更容易成功。

海綿蛋糕 GENOISE	鮮奶油霜 CREAM
原味海綿蛋糕(參照P.32) 直徑13公分,厚1.5公分一4片 ＊用直徑13公分圓形慕斯圈 裁剪直徑15公分海綿蛋糕備用	**夾層＆抹面鮮奶油霜** 鮮奶油200克、細砂糖20克、 草莓糖煮水果(參照P.25)40克

工具 TOOLS	裝飾 DECORATION
圓形慕斯圈(直徑13公分)、 抹刀、塑膠刮片、心形慕斯圈 (迷你尺寸、1 號) 11.5公分 ♡ 10公分　13公分 ♡ 14公分	白巧克力塑型翻糖(參照P.48)、 玫瑰花瓣、鏡面果膠

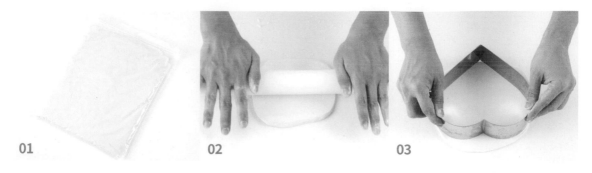

01　02　03

〈步驟〉

01 白巧克力塑型翻糖放入冰箱熟成備用。

02 取出裁成適當大小，用擀麵棍將翻糖擀開。

03 用迷你尺寸的心形慕斯圈裁剪翻糖3片，用1號心形慕斯圈裁剪翻糖10片。

04　05-1　05-2

04 用刮板切，最開始使用的3片花瓣，切下1/3左右即可；接著使用的5片花瓣，切下1/2左右；最後使用的5片花瓣，切下2/3左右。

05 參照 P.129 ，完成圓弧蛋糕抹面備用。將裁好的塑型翻糖彎成花瓣狀，放到蛋糕上。

06

06 第2片與第3片花瓣也交疊放到蛋糕上。

TIPS

❶ 步驟02中，要將澱粉塗在慕斯圈上，方便翻糖俐落掉下。

❷ 步驟04中：

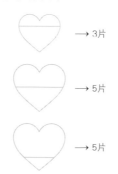

→ 3片

→ 5片

→ 5片

07　將5片花瓣交疊黏到蛋糕邊緣。

08　最後5片花瓣也交疊黏到蛋糕側邊。

TIPS

❸ 步驟07中，將花瓣向外微捲，造型會更自然。

❹ 步驟08中，最後黏上的5片花瓣盡量大片開展，呈現豐盈的華麗感。

09　用鏡面果膠做水滴裝飾，大功告成囉！

Cake 05.

玫瑰花巧克力杯子蛋糕

這款蛋糕將 3 個杯子蛋糕集合成 1 個蛋糕，
巧克力飾帶裡藏著小尺寸的鮮奶油蛋糕。
放上用塑型翻糖製作的小朵玫瑰花，當作求婚蛋糕使用也十分適合。

海綿蛋糕 GENOISE	鮮奶油霜 CREAM
原味海綿蛋糕（參照P.32） 直徑7.5公分，厚1公分一12片 ＊用直徑7.5公分圓形切模 裁剪直徑15公分海綿蛋糕備用	**夾層鮮奶油霜** 鮮奶油180克、細砂糖18克、 草莓糖煮水果（參照P.25）50克 **抹面鮮奶油霜** 白鮮奶油霜（參照P.24）適量

工具 TOOLS	裝飾 DECORATION
圓形切模（直徑7.5公分）、 抹刀、塑膠刮片	塑型玫瑰（參照P.92）、 白巧克力飾帶 （參照P.65的巧克力裝飾）、 鏡面果膠、緞帶

〈步驟〉

01 將鮮奶油霜填入擠花袋中，配合蛋糕的大小擠花。

02 抹刀保持不動，一邊轉動轉枱，一邊抹平鮮奶油霜。

03 用相同的方式夾餡，疊上4片海綿蛋糕。

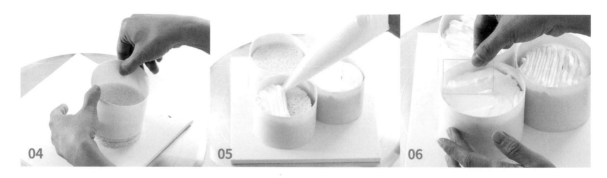

04 將準備好的白巧克力飾帶，仔細繞在做好的蛋糕周圍。

05 在蛋糕表面製作白鮮奶油霜擠花。

06 用小型塑膠刮片抹平完成擠花的鮮奶油霜。

TIPS

步驟01中若蛋糕太小，不容易用抹刀夾餡，可改用擠花袋夾餡更有效。一邊轉動轉枱，一邊用擠花袋擠花即可。

07 放上準備好的塑型玫瑰。

08 將做好的杯子蛋糕繫上粉紅色緞帶，用鏡面果膠做水滴裝飾，大功告成囉！

蛋糕造型實作——玫瑰花巧克力杯子蛋糕

白巧克力翻糖製作過程中，
在混合材料時添加色素，
或者白巧克力翻糖已經做好，
直接混入色素，
即可做出想要的顏色的塑型玫瑰。

技法教學！

調溫巧克力的調溫

〈步驟〉

01 將白巧克力放入容器中，融至45℃左右。

02 將融化巧克力的70～80%倒到大理石上。

03 用刮刀反覆抹開收合巧克力，將溫度降至25℃。

04 重新放回鋼盆，在測溫槍的輔助之下，將溫度升至29℃。

TIPS

❶ 步驟**02**中，若是在夏天操作，請倒上融化巧克力的90%左右。

❷ 步驟**03**中，若是牛奶巧克力，將溫度降至26℃；若是黑巧克力，將溫度降至27℃。

❸ 步驟**04**中，若是牛奶巧克力，將溫度升至30℃；若是黑巧克力，將溫度升至31℃。

技法教學！

製作巧克力裝飾

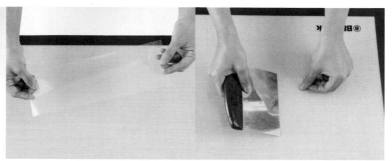

01 用濕毛巾擦拭矽膠墊，以便慕斯蛋糕圍邊條貼合。

02 配合使用蛋糕的尺寸，裁剪慕斯蛋糕圍邊條備用。

03 使用刮板，將慕斯蛋糕圍邊條緊壓貼合矽膠墊。

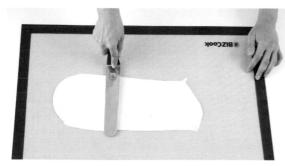

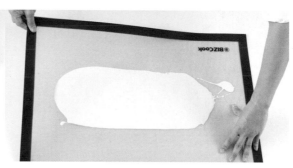

04 倒上調溫巧克力，用L形抹刀（曲柄抹刀）均勻抹開。

05 手抓矽膠墊的兩端，輕輕搖晃，讓巧克力鋪開的厚度一致。

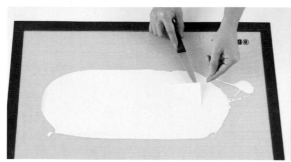

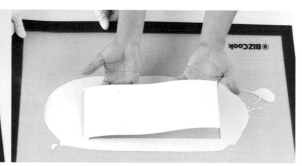

06 用刀將慕斯蛋糕圍邊條的邊端輕輕提起，將圍邊條與巧克力分離。

07 用雙手捧拿取下慕斯蛋糕圍邊條，然後移到其他地方。

08 用刀子和尺等工具，裁剪好想要的形狀備用。

09 若要做成圓筒形，在巧克力凝固之前，將它繞在慕斯圈上，待巧克力凝固後，拆除慕斯蛋糕圍邊條備用。

10 以相同的方法，配合蛋糕造型，製作各種形狀大小的巧克力飾帶備用。

Cake 06.

黑巧克力雙層蛋糕

這次試做的雙層蛋糕,期待呈現的意象是富有造型美感的建築物。

希望整體感覺簡單,只用高高低低的巧克力飾帶纏繞,

就能展現出極具風格的造型。黑巧克力雙層蛋糕給人時尚洗鍊的高級感。

可以在下層蛋糕繫上蝴蝶結,清爽俐落收尾,

也可以在中間貼上紫色或紅色花朵,增添華麗感。

海綿蛋糕 GENOISE	鮮奶油霜 CREAM
巧克力海綿蛋糕(參照P.34) 第1層:直徑13公分,厚1公分一5片 第2層:直徑7.5公分,厚1公分一4片 ＊用直徑13公分圓形慕斯圈 和直徑7.5公分圓形切模 裁剪直徑15公分海綿蛋糕備用	**夾層＆抹面鮮奶油霜** 鮮奶油220克、細砂糖30克、 可可粉 22克
工具 TOOLS	裝飾 DECORATION
圓形慕斯圈(直徑13公分)、 圓形切模(直徑7.5公分)、抹刀	黑巧克力飾帶(參照P.65)、 緞帶

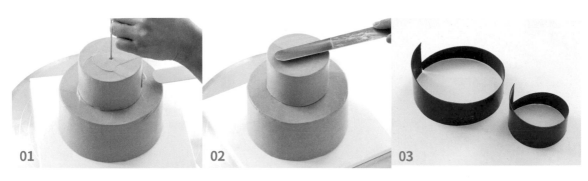

〈步驟〉

01 參照 P.21 ，完成兩種尺寸的圓形蛋糕抹面備用，疊成雙層。

02 用抹刀抹平蛋糕表面，不要留下木籤的痕跡。

03 按照第1層、第2層蛋糕尺寸，做好巧克力飾帶備用。

04 從第1層蛋糕開始繞巧克力飾帶，操作時，小心別弄壞飾帶。

05 一圈一圈地疊繞，小心不要產生空隙。

06 將直條與斜條的巧克力飾帶反覆環繞，使之自然成形。

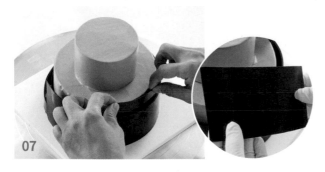

07 中間可以穿插小尺寸的巧克力飾帶。

TIPS

❶ 步驟01中，蛋糕中央插入木籤，用抹刀提起移上來後，再小心抽出抹刀。

❷ 步驟03，按照使用的蛋糕直徑，製作巧克力飾帶，斜切後繞在圓形慕斯圈上，凝固後使用。

08 小片巧克力飾帶也可以直條與斜條多樣交替使用。

09 這是第1層蛋糕完成的樣子。

10 用同樣的方式,將巧克力飾帶環繞第2層蛋糕。

11 小心別弄壞巧克力飾帶,確認整體外觀,進行收尾。

12 繫上咖啡色緞帶,大功告成囉!

TIPS

❸ 步驟08中,放置小片巧克力飾帶時,要黏在抹面好的表面上(貼著鮮奶油霜)。

❹ 步驟11中,在明顯的位置放上巧克力飾帶時,建議戴手套操作,才不會留下手印。

巧克力
飾帶蛋糕

Cake 07.

白巧克力雙層蛋糕

即使是相同造型的蛋糕，用不同的顏色來演繹，

成品便能給人截然不同的感覺。

這次用白巧克力取代黑巧克力，製作這款讓人聯想到純白色的婚禮蛋糕。

斜條巧克力飾帶層層相疊，參差不齊的高度使人不覺單調。

蛋糕成品僅以緞帶俐落收尾。

巧克力一圈一圈環繞的話，

蛋糕成品一定會比

所需尺寸還要大，

所以剛開始時，

第1層蛋糕最好使用

直徑13公分的海綿蛋糕。

技法教學！

製作圖紋巧克力飾帶

〈步驟〉

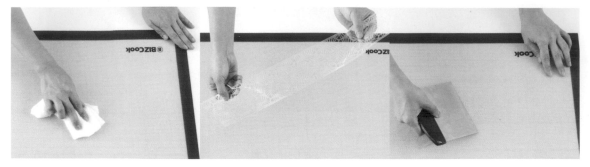

01 用濕毛巾擦拭矽膠墊，以便圖紋紙貼合。

02 準備圖紋紙。

03 使用刮板，將圖紋紙緊壓貼合矽膠墊。

04 倒上調溫巧克力，用L形抹刀均勻抹開。

05 手抓矽膠墊的兩端，輕輕搖晃，讓巧克力鋪開的厚度均勻一致。

TIPS

❶ 步驟**02**中的圖紋紙，是使用Brother ScanNCut掃圖裁藝機，或Silhouette Cameo定位割字機等專業機器，在慕斯蛋糕圍邊條上裁切出想要的圖紋後使用。

06 用刀將圖紋紙的邊端輕輕提起，將圖紋紙與巧克力分離。

07 靜置到巧克力不沾手為止。

08 在巧克力凝固之前，將它繞在適當尺寸的慕斯圈上。

9 待巧克力凝固後，拆除圖紋紙備用。

TIPS

❷ 操作步驟**08**時，要考量巧克力飾帶的高度，先用更高一點的慕斯蛋糕圍邊條繞在慕斯圈上備用。

Cake 08.

紅色圖紋巧克力飾帶蛋糕

雖然清爽大方的巧克力飾帶蛋糕效果就很棒了，

但不免想到：「要不要試試添入各種圖紋的華麗蛋糕？」

所以嘗試做了這款造型蛋糕。靈活運用自己設計的圖紋紙，就能演繹出各種感覺的蛋糕。

尤其在聖誕節，不妨在紅色圖紋巧克力飾帶環繞的蛋糕上放滿草莓，更增添華麗感。

飾帶高度比蛋糕稍微高一點，繞成王冠的樣子，

即使不另外擠花，只用水果和花瓣裝飾，也能完成又美又奢華的蛋糕。

海綿蛋糕 GENOISE	鮮奶油霜 CREAM
草莓蛋糕（參照P.36） 直徑15公分，厚1公分—5片	**夾層鮮奶油霜** 鮮奶油200克、細砂糖20克、 草莓糖煮水果（參照P.25）40克 **抹面鮮奶油霜** 鮮奶油160克、細砂糖10克、 煉乳10克

工具 TOOLS	裝飾 DECORATION
花形圖紋紙、 抹刀	紅色花圖紋巧克力飾帶（參照P.72）、 草莓、帶梗櫻桃、 玫瑰花瓣、食用金箔

〈步驟〉

01 參照 P.21，完成圓形蛋糕抹面備用。

02 用圖紋巧克力飾帶環繞蛋糕，操作時，小心別弄壞飾帶。

03 用草莓裝飾蛋糕，從蛋糕邊緣開始放置。

04 放上帶梗櫻桃，讓水果高低錯置。

05 放上紅色玫瑰花瓣，讓蛋糕看起來更華麗，大功告成囉！

TIPS

❶ 步驟01中，為了凸顯圖紋巧克力飾帶的顏色，會先用白鮮奶油霜做蛋糕抹面。

❷ 步驟03中，注意別讓水果的水分碰到圖紋巧克力飾帶。

圖紋
巧克力
飾帶蛋糕

Cake 09.

圖紋黑巧克力飾帶蛋糕

這次利用樹葉形圖紋紙，以黑巧克力製作巧克力飾帶環繞蛋糕。

製作巧克力飾帶蛋糕時，為了避免滿滿放上的水果掉落，

巧克力飾帶的高度，以高於蛋糕大約1公分較為穩固。

製作轉印紙圖紋巧克力飾帶

01 用濕毛巾擦拭矽膠墊，以便巧克力轉印紙貼合。

02 小心地將巧克力轉印紙緊壓貼合矽膠墊。

03 倒上調溫巧克力（參照 P.64 製作），用L形抹刀均勻抹開。

04 手抓矽膠墊的兩端，輕輕搖晃，讓巧克力鋪開的厚度一致。

05 用刀將巧克力轉印紙的邊端輕輕提起，將轉印紙與巧克力分離。

06 將巧克力轉印紙繞在慕斯圈上，兩端以膠帶固定。

07 待巧克力凝固後，拆除巧克力轉印紙備用。

TIPS

❶ 步驟02中，利用市售的各種圖紋巧克力轉印紙，可以展現各式各樣的造型。

❷ 步驟06中，要考量巧克力轉印紙的高度，先用更高一點的慕斯蛋糕圍邊條繞在慕斯圈上備用。

Cake 10.

波浪形巧克力飾帶圖紋蛋糕

用巧克力做的蛋糕，大部分都很適合冬季，
但我這次要用夏天也很搭的白巧克力飾帶，
製作一款視覺上很沁涼消暑的蛋糕。
將波浪形巧克力轉印紙裁剪成所需的高度，倒入經過調溫的白巧克力，
凝固後做成波浪形飾帶。藍色的波浪線條，富有節奏感的波浪起伏，
這款蛋糕成品讓人感覺到清涼一夏。

海綿蛋糕 GENOISE	鮮奶油霜 CREAM
	夾層鮮奶油霜
	鮮奶油120克、細砂糖12克
原味海綿蛋糕（參照P.36）	**夾餡**
直徑13公分，厚1公分一3片	藍莓糖煮水果（參照P.25）70克
＊用直徑13公分圓形慕斯圈	**抹面＆裝飾鮮奶油霜**
裁剪直徑15公分海綿蛋糕備用	鮮奶油210克、細砂糖10克、煉乳20克

工具 TOOLS	裝飾 DECORATION
圓形慕斯圈（直徑13公分）、 抹刀、869K花嘴、 波浪形巧克力轉印紙、貝殼形模具	波浪形巧克力飾帶、 貝殼形巧克力飾品、糖粉

〈步驟〉

01 參照 P.78 ，以巧克力轉印紙製作飾帶，待巧克力凝固後，拆除巧克力轉印紙備用。

02 在準備好的蛋糕片上抹上夾餡，夾餡中間挖出圓圈，使可放入藍莓糖煮水果。

03 挖好的部分填滿藍莓糖煮水果。

04 放上第2片蛋糕，然後只用夾層鮮奶油霜夾餡。

05 放上第3片蛋糕，這是以相同方法完成夾餡的樣子。

TIPS

❶ 步驟02中，為避免夾餡的糖煮水果滲出來，建議距離邊緣約2公分向內挖出圓圈。

❷ 步驟04中，注意別太用力壓蛋糕片，否則糖煮水果可能會滲出來。

06 參照 P.21 ，用白鮮奶油霜俐落抹面。

07 用波浪形圖紋巧克力飾帶環繞蛋糕，小心別弄壞飾帶。

08 使用869K花嘴,自由擠出波浪形的擠花。

09 擠花擠滿蛋糕表面一半面積的程度。

10 擠花時讓鮮奶油霜高低錯置。

11 想像波浪起伏的模樣,不足的部分再補一點擠花,讓波浪成型。

12 放上貝殼形巧克力飾品。

13 貼在蛋糕側邊時,請用融化的巧克力來黏。

14 中間撒上糖粉,散發沁涼感的蛋糕完成囉!

TIPS

❸ 步驟08中,採緞帶形擠花,可增添蓬鬆感。不規則式的自然擠花效果也不錯。

❹ 步驟13中,貼在側邊的飾品盡量選用小尺寸,不可過重。

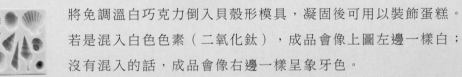
將免調溫白巧克力倒入貝殼形模具，凝固後可用以裝飾蛋糕。
若是混入白色色素（二氧化鈦），成品會像上圖左邊一樣白；
沒有混入的話，成品會像右邊一樣呈象牙色。

技法教學！

圓弧心形蛋糕夾餡與抹面

〈步驟〉

夾餡

01 準備5片1公分厚、裁成心形的蛋糕片，最上面的蛋糕片邊緣修圓。

02 將滿滿一刮刀的鮮奶油霜放到蛋糕片上。

03 從蛋糕右半部開始，抹開鮮奶油霜。

04 左半部也塗上鮮奶油霜，覆蓋整片蛋糕。

05 從愛心尖端部分起，刮除側邊多餘的鮮奶油霜。

06 直線部分刮好之後，一邊轉動轉枱，一邊刮掉曲線部分的鮮奶油霜。

TIPS

❶ 步驟**04**時，可以讓鮮奶油霜稍微超出蛋糕的外緣。

❷ 步驟**05**中，直線部分要先刮除。

❸ 步驟**06**中，要確實修出稜角，讓心形外觀能更清楚成型。

❹ 步驟**07**中，從愛心尖端開始抹平鮮奶油牆。

07 一邊轉動轉枱，一邊抹平鮮奶油牆。

08 這是以相同方式疊起5片蛋糕，完成夾餡的樣子。

09 抹面之前，用拇指輕輕按壓蛋糕表面，塑型成圓弧狀。

10 使用抹刀，刮除掉跑出來的鮮奶油霜，先上半部、後下半部依序修整，完成夾餡。

抹面

11 放上滿滿一刮刀的鮮奶油霜，在完成夾餡的蛋糕表面，進行抹面打底。

12 與夾餡方法一樣，先將鮮奶油霜往愛心右半部抹開，再往左半部抹開。

13 將表面抹平。由於是抹面打底階段，鮮奶油霜薄薄抹開即可，不必太厚。

14 用流下來的鮮奶油霜在側邊抹面，築出鮮奶油牆。

15 曲線(彎弧)部分，斜握抹刀築鮮奶油牆，做出圓弧狀的心形。

TIPS

❺ 步驟**08**中，圓弧心形蛋糕用5片1公分厚的蛋糕製成，厚度感最佳。

❻ 步驟**14**築鮮奶油牆時，建議從愛心尖端朝向曲線部分築出。

16 用抹刀挖取與蛋糕等高的鮮奶油霜，將側邊底部也塗上鮮奶油霜，完成抹面打底。

17 以相同方式，再次放上鮮奶油霜，進行主要抹面。

18 確實修出曲線與曲線之間的稜角，讓心形能更清楚成型。

19 等鮮奶油霜全部抹好之後，將慕斯蛋糕圍邊條剪成適當長度，用來修整圓弧心形。

20 手握圍邊條作業時，手不要出力，才不會刮到太多鮮奶油霜。

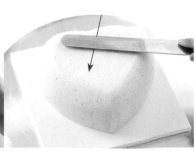

21 朝蛋糕表面往上掃的時候，漸漸壓低圍邊條的角度進行修整。

22 一點一點塑型，反覆修整，讓蛋糕看起來更圓順。

23 做出圓弧形外觀，抹平鮮奶油牆，大功告成囉！

尖角心形蛋糕抹面

〈步驟〉

01 參照 P.86 ～ P.88 的步驟**01**～**18**，完成心形蛋糕夾餡與抹面備用。使用刮板，從愛心的曲線部分開始形塑尖角心形。

02 完成時，手不使力，抽出刮板，避免愛心尖端的蛋糕體露出。

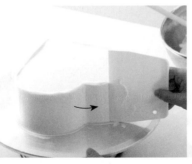

03 愛心尖端抹面時，不轉動轉枱，先做直線抹面，曲線部分則轉動刮板，在曲線中央停下。

04 用刮板形塑稜角，反向抹面至曲線中央部分，讓心形能更清楚成型。

05 從愛心尖端開始抹平鮮奶油牆。

06 一邊轉動轉枱，一邊抹平曲線部分的鮮奶油牆。

07 將抹刀握長一點，整體修整大片蛋糕表面，再俐落收邊，大功告成囉！

TIPS

❶ 步驟**01**中，左手遠遠握住轉枱上方，右手持刮板，將轉枱一氣呵成地轉到愛心尖端。

❷ 步驟**05**時，可用抹刀刃尖一點一點修整外觀。

Cake 11.

用塑型玫瑰和草莓甘納許淋面
完成的圓弧心形蛋糕

這款可愛風心形蛋糕，運用了一想到情人節，

就會浮現於腦中的心形蛋糕，並配上一朵盛開的玫瑰花。

比起尖角心形的乾淨利落，圓潤柔軟的心形外觀十分討喜。

圓弧心形抹面，加上流溢的粉紅色甘納許點綴，

不管從正面、側面、上面，看起來都很甜蜜討喜。

打開盒子時迎面而來的美麗玫瑰花，更加令人心動著迷，

在情人節、求婚日等想要傳達愛意的時刻，務必試試看這款蛋糕！

海綿蛋糕 GENOISE	鮮奶油霜 CREAM
草莓海綿蛋糕（參照P.36） 心形13.5公分，厚1公分一5片 ＊用1號心形慕斯圈（6吋，13.5公分） 裁剪直徑18公分海綿蛋糕備用 	**夾層鮮奶油霜** 鮮奶油180克、細砂糖15克、 覆盆子糖煮水果（參照P.25）30克、 玫瑰糖漿5克 **抹面鮮奶油霜** 鮮奶油200克、細砂糖20克、 櫻桃糖煮水果（參照P.25）30克

工具 TOOLS	裝飾 DECORATION
1號心形慕斯圈（6吋）、擀麵棍、 圓形切模（直徑4.5～5公分）、 刮板、抹刀、慕斯蛋糕圍邊條	草莓甘納許（參照P.29）、 塑型玫瑰

01   02   03

〈步驟〉

01 參照 P.48 ，白巧克力塑型翻糖預先熟成備用。

02 用擀麵棍將翻糖擀開至適當厚度。

03 用直徑4.5～5公分的圓形切模，小心裁剪翻糖。

04   05-1   05-2

04 將翻糖片放入塑膠袋中，用刮板將翻糖片外側2/3左右推薄。

05 將3片翻糖併排，有些面交疊，然後捲起來。

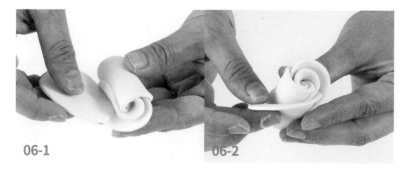

06-1   06-2

06 另外拿1片翻糖，疊插入最後1片翻糖包合起來。

TIPS

❶ 步驟04中，外側花瓣的部分厚度要薄，玫瑰的成品才會漂亮。讀者們可以用手機掃描以下QR CODE影片觀看，學會塑型玫瑰的做法。

07　這是以相同方式再連結2片翻糖的樣子。

08　以相同方式連結翻糖，直到達成想要的花朵大小。操作過程中，要不時彎折花瓣塑型。

09　完成的塑型玫瑰放在室溫下變硬後備用。

10　參照 P.86，完成圓弧心形蛋糕抹面備用。

11　讓草莓甘納許往斜線方向流溢，自然滑流。

TIPS

❷ 步驟08中的大朵花成品，是以3 + 3 + 5 + 5 = 16，一共16片組合而成，若想看起來更綻放，可再增添一兩片翻糖。

❸ 步驟09中，在溫度高的夏季，要放入冰箱凝固。

❹ 步驟11中，淋面用草莓甘納許在完全放涼後使用。溫度高的話，會流太多下來。

❺ 步驟13中，要想確認塑型玫瑰的適合高度，可以先貼近蛋糕上面試試。如果塑型玫瑰太高，可用刀裁剪玫瑰花底部（注意別讓花瓣掉落），再放在蛋糕上。

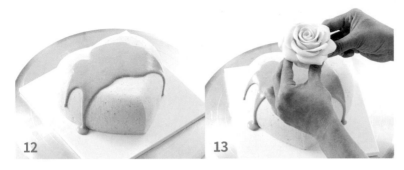

12　暫時放入冰箱冷藏，讓流溢的草莓甘納許變硬。

13　放上塑型玫瑰，大功告成囉！

Cake 12.

復古圓弧心形蛋糕

這款讓人聯想到童話中公主優雅派對禮服的復古擠花蛋糕，

是兒童節為可愛孩子們構思的造型蛋糕。擠花之後蛋糕體積會增大，

所以採用圓弧心形蛋糕，或者小尺寸心形蛋糕，會比尖角心形蛋糕或大尺寸蛋糕更適合。

完成之後，插上枝形吊燈造型蠟燭能顯得優雅，或是換成孩子喜愛的卡通人物玩偶，

感覺又不一樣了。由於這款蛋糕運用到大量擠花，

如果愛心抹面的基本色顏色太深，視覺上會有點繁複，

所以在基本抹面上，建議使用典雅又清爽的草莓鮮奶油霜抹面。

海綿蛋糕 GENOISE	鮮奶油霜 CREAM
	夾層鮮奶油霜
	鮮奶油180克、細砂糖15克、
	草莓糖煮水果（參照P.25）30克
草莓海綿蛋糕（參照P.36）	**抹面鮮奶油霜**
心形13.5公分，厚1公分—5片	鮮奶油200克、細砂糖20克、
＊用1號心形慕斯圈（6吋，13.5公分）	櫻桃糖煮水果（參照P.25）30克
裁剪直徑18公分海綿蛋糕備用	**裝飾鮮奶油霜1**
	鮮奶油200 克、細砂糖20克、
	草莓糖煮水果（參照P.25）40克
 12公分 ｜ 13.5公分	**裝飾鮮奶油霜2**
	鮮奶油120克、細砂糖12克、
	草莓糖煮水果（參照P.25）10克

工具 TOOLS	裝飾 DECORATION
1號心形慕斯圈（6吋）、抹刀、	
刮板、67號花嘴、885號花嘴、	
112號花嘴、D6K花嘴、	珠光糖珠、
圓形慕斯圈（直徑5公分）、	枝形吊燈造型蠟燭
慕斯蛋糕圍邊條	

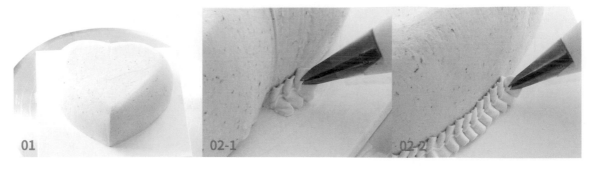

〈步驟〉

01 參照 P.86 ，完成圓弧心形蛋糕抹面備用。

02 從蛋糕較渾圓的部分開始擠花。花嘴與蛋糕表面的角度傾斜呈45°，進行擠花。使用67號花嘴、裝飾鮮奶油霜1，做蕾絲擠花。

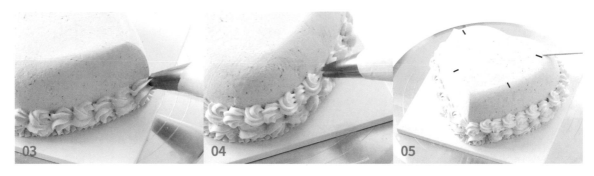

03 使用885號花嘴、裝飾鮮奶油霜1，沿側邊做緞帶形的8字擠花。

04 用D6K花嘴、顏色較淡的裝飾鮮奶油霜2，做稍小的8字擠花，使達成漸層效果。

05 表面擠花之前，先分6等分，用尖銳工具稍做標記。

06 使用67號花嘴、剩下的裝飾鮮奶油霜1，開始表面擠花。

07 以標示之處為基準，自然畫出拋物線，進行蕾絲形擠花。

TIPS

❶ 步驟02中，保留剩下的鮮奶油霜，之後會再使用。

❷ 步驟04中，擠花時，建議從愛心較渾圓的部分開始。

❸ 步驟06中，蕾絲形擠花相連的尖端點部分，將會再用其他花嘴擠花覆蓋，所以可以從前面的尖端部分開始擠花。

08 在步驟07的擠花上方再疊一排蕾絲形擠花,讓蛋糕看起來更豐富。

09 蕾絲形擠花相連的尖端點部分,用112號花嘴、裝飾鮮奶油霜1做緞帶形擠花。

10 用直徑5公分的圓形慕斯圈,在蛋糕表面中央部分稍做標記。

11 沿著標記線,用D6K花嘴、裝飾鮮奶油霜2做小的傳統貝殼形擠花。

TIPS

❹ 步驟09中,將花嘴稍微懸空提起,與蛋糕表面維持30°角開始擠花。這裡要注意,若緞帶擠花位置太下面,可能導致無法貼在蛋糕側邊而掉下來。

❺ 步驟10中,標記的大小,最好與用以裝飾蛋糕的枝形吊燈造型蠟燭底部直徑差不多。

12 擠花全部完成之後,將珠光糖珠黏上緞帶形擠花的鮮奶油霜,在蛋糕中央插上枝形吊燈造型蠟燭,增添華麗復古感!

Cake 13.

泡泡心形蛋糕

這是運用 3 種鮮奶油霜——櫻桃、草莓、白鮮奶油霜做出來的俏皮心形蛋糕。

心形蛋糕用草莓鮮奶油霜抹面，看起來乾淨清爽，

但似乎比較單調，所以建議用櫻桃鮮奶油霜來抹面。

果肉顆粒滿滿可見的櫻桃鮮奶油霜，擁有獨特的豐富美感。

蛋糕上面再搭配鬆軟柔和的擠花，

全部填滿鮮奶油霜，就能完成這款可愛滿點的蛋糕。

海綿蛋糕 GENOISE	工具 TOOLS
草莓海綿蛋糕（參照P.36） 心形13.5公分，厚1公分— 4片 ＊用1號心形慕斯圈（6吋，13.5公分） 　裁剪直徑18公分海綿蛋糕備用  12公分　13.5公分	1號心形慕斯圈（6吋）、 抹刀、刮板、869K花嘴

鮮奶油霜 CREAM

夾層鮮奶油霜　鮮奶油120克、細砂糖12克、草莓糖煮水果（參照P.25）60克
抹面鮮奶油霜　鮮奶油120克、細砂糖12克、櫻桃糖煮水果（參照P.25）60克
裝飾鮮奶油霜1　鮮奶油50克、細砂糖7克
裝飾鮮奶油霜2　鮮奶油40克、細砂糖5克、草莓糖煮水果（參照P.25）20克
裝飾鮮奶油霜3　鮮奶油40克、細砂糖5克、櫻桃糖煮水果（參照P.25）20克

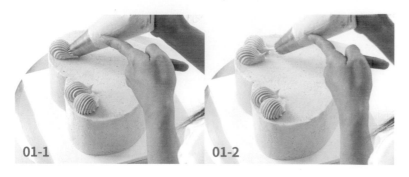

01-1　　01-2

〈步驟〉

01 參照 P.89 ，完成尖角心形蛋糕抹面備用。使用869K花嘴、裝飾鮮奶油霜3，製作大顆蓬鬆飽滿的傳統貝殼形擠花。

02-1　　02-2　　03

02 適切穿插裝飾鮮奶油霜1和2的擠花。由於必須輪流快速擠花，擠花之前要事先將鮮奶油霜填入擠花袋。

03 泡泡心形蛋糕大功告成囉！

TIPS

❶ 步驟01中，開始擠花時，最好左右對稱操作，視覺感較均衡穩定。

❷ 步驟02中，如果白鮮奶油霜（裝飾鮮奶油霜1）的打發程度有點稀，擠花的鮮奶油霜與蛋糕表面上的抹面鮮奶油霜之間將容易出水，所以要注意調整打發程度，最好是擠花時，花嘴紋路清晰可見的打發程度。

白鮮奶油霜（裝飾鮮奶油霜1）較易快速油水分離而出水，相對來說比較沒有力量，
所以最好盡量向內擠花，而不是擠在蛋糕邊緣。
由於配色的緣故，建議在邊緣部分擠花時，
最好距離抹面蛋糕外緣稍微內縮再擠花。
不擅長擠花的話，最保險是多用草莓鮮奶油霜（裝飾鮮奶油霜2）擠花完成蛋糕。

Cake 14.

大褶邊擠花心形蛋糕

這是為求婚日、新娘婚前派對、婚禮而構思製作的造型蛋糕。
自然又不規則的圖紋擠花，讓人聯想到純白美麗的婚紗。
擠花本身就充滿華麗感，收尾不需要太多裝飾，
只用金箔或銀箔點綴即可。

海綿蛋糕 GENOISE	鮮奶油霜 CREAM
原味海綿蛋糕（參照P.32）	**夾層鮮奶油霜**
心形13.5公分，厚1公分一5片	鮮奶油200克、細砂糖20克、
＊用1號心形慕斯圈（6吋，13.5公分） 裁剪直徑18公分海綿蛋糕備用	覆盆子糖煮水果（參照P.25）40克
 12公分 ｜ 13.5公分	**抹面鮮奶油霜** 鮮奶油350克、細砂糖20克、 煉乳25 克

工具 TOOLS	裝飾 DECORATION
1號心形慕斯圈（6吋）、抹刀、 刮板、125K花嘴（扁口花嘴）	食用金箔

01

02

03

〈步驟〉

01 參照 P.89，完成尖角心形蛋糕抹面備用。

02 用125K花嘴做大褶邊擠花。將花嘴稍微懸空提起，與蛋糕表面維持水平擠花。

03 褶邊擠花強調以噴放的感覺擠花(像自然流出)。重點在用手施力噴放鮮奶油霜，自然產生褶邊。

04

05

06

04 不規則的擠花更好，參差不齊的擠花方式可以讓造型看起來更自然。

05 反面也以相同的方式擠花。

05 光是擠花就充滿線條，造型華麗，最後只用金箔俐落收尾即可。

TIPS

步驟02中，褶邊擠花使用鮮奶油霜的打發程度，必須比抹面鮮奶油霜更濃稠，才能維持型態，褶邊不會塌陷。同樣道理，若擠花速度太慢，鮮奶油霜會油水分離而變得粗糙。「擠花速度快、手部施力、不規則形狀、一氣呵成」，這些都是擠花的要訣。

Cake 15.

Ｖ形花嘴擠花心形蛋糕

雖然可愛的粉紅色蛋糕很適合情人節、白色情人節，

但這次想要嘗試做出稍微不一樣的感覺，所以用濃郁的巧克力蛋糕設計。

先以巧克力鮮奶油霜俐落完成抹面後，

再使用小的Ｖ形花嘴做凸印（embossing）擠花。

單一方向的擠花給人簡單整齊的感覺，不規則的擠花則比較多變化。

不同的擠花角度和陰影方向，也會為蛋糕帶來不一樣的感覺。

海綿蛋糕 GENOISE	鮮奶油霜 CREAM
巧克力海綿蛋糕（參照P.34） 心形13.5公分，厚1公分─5片 ＊用1號心形慕斯圈（6吋，13.5公分） 裁剪直徑18公分海綿蛋糕備用  12公分　13.5公分	**夾層鮮奶油霜** 鮮奶油180克、細砂糖22克、 可可粉18克 **抹面鮮奶油霜** 鮮奶油270克、細砂糖35克、 可可粉27克

工具 TOOLS	裝飾 DECORATION
心形1號慕斯圈（6吋）、抹刀、 刮板、685號花嘴	食用金箔

01   02-1   02-2

〈步驟〉

01 參照 P.89，完成尖角心形蛋糕抹面備用。

02 將花嘴稍微懸空提起，與蛋糕表面維持90°擠花。擠花的鮮奶油霜長度不要太長，注意在收尾階段做出細柔的尖端。

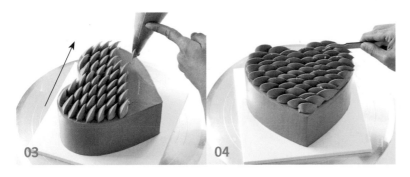

03   04

03 蛋糕以從左至右的方向，依序擠花。

04 完成一鼓一鼓的凸印擠花之後，用金箔點綴，大功告成囉！

TIPS

步驟02中，若要蛋糕成品看起來整齊典雅，最好規則地擠花。相反地，若希望蛋糕成品具有動感，擠花方向可以採不規則的方式進行。

Cake 16.

覆盆子雙層心形蛋糕

這次試做的是夾餡型蛋糕，在心形蛋糕體之間，

以小型愛心海綿蛋糕當作夾餡，中間也看得到一顆顆鼓出來的覆盆子巧克力。

如果用水果取代覆盆子巧克力，

水果本身較軟又充滿水分，蛋糕不易塑型。

蛋糕裡頭放入的小型愛心海綿蛋糕，是用餅乾切模裁剪而成。

只用鮮奶油霜夾餡的話，蛋糕可能會倒塌，

所以中間要用蛋糕片夾餡，有利於塑型。

海綿蛋糕 GENOISE	鮮奶油霜 CREAM
草莓海綿蛋糕（參照P.36） 心形13.5公分，厚3公分—2片 ＊用1號心形慕斯圈（6吋，13.5公分） 裁剪直徑18公分海綿蛋糕備用 心形8公分，厚1公分— 1片 ＊用心形餅乾切模（12公分） 裁剪直徑15公分海綿蛋糕備用	**夾層＆抹面＆裝飾鮮奶油霜** 鮮奶油250克、細砂糖25克、 草莓糖煮水果（參照P.25）50克

13.5公分　12公分　　10.5公分　12公分

工具 TOOLS	裝飾 DECORATION
1號心形慕斯圈（6吋）、 心形餅乾切模（12公分）、 抹刀、刮板、覆盆子形模具	覆盆子形巧克力、 玫瑰花瓣

〈**步驟**〉

01 將鮮奶油霜放上厚3公分的心形蛋糕片抹面。

02 參照 P.86，側邊與圓弧心形蛋糕抹面一樣，從愛心尖端部分開始。蛋糕較矮較易抹面。

03 這是鮮奶油牆稍微升高，抹面打底完成的樣子。

04 以相同的方式，再做主要抹面。

05 將蛋糕側邊的鮮奶油霜抹開，使厚度一致。

06 用刮板從渾圓部分開始做側邊抹面。渾圓部分抹面時，邊轉動轉枱邊抹面。

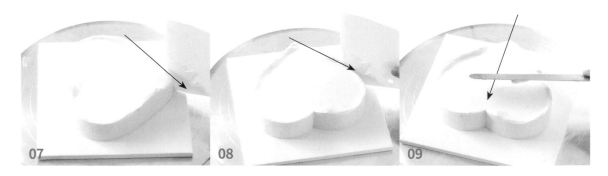

07 直線部分抹面時，轉枱靜止不動，有節奏感地進行側邊抹面。

08 從尖端部分，將鮮奶油霜由外往內刮抹面。

09 從尖端部分一點一點塑出心形，抹平鮮奶油牆。以相同方式做另一片蛋糕抹面。

10 將用心形餅乾切模裁剪的蛋糕放上中央，在蛋糕片外緣圍上覆盆子形巧克力。

11 將準備好的蛋糕片放上蛋糕。

12 用玫瑰花瓣稍微裝飾，大功告成囉！

TIPS

❶ 步驟10中，如果這時手出力壓，抹面的鮮奶油霜會塌下來，所以要輕輕放上去。

❷ 步驟11中，這時一手托著蛋糕，一手用抹刀提起蛋糕，對準位置。

將混入紅色色素的免調溫白巧克力
倒入覆盆子形模具，成品凝固後可用以裝飾蛋糕。

Cake 17.

巧克力籃心形蛋糕

這是苦苦構思求婚用蛋糕而創作的造型。

結合心形與戚風蛋糕的外觀，

做出一個籃子的模樣，裡頭盛滿心形巧克力。

將裝著戒指的盒子藏在巧克力裡，剛好成為讓人心怦怦跳的求婚用蛋糕。

操作時要注意中間的愛心別挖太大，

如果挖出的部分太大，蛋糕會無法維持形狀，

而且受到巧克力重量的影響而往旁邊側塌。

海綿蛋糕 GENOISE	鮮奶油霜 CREAM
原味海綿蛋糕（參照P.32） 心形13.5公分，厚3公分一1片 ＊用1號心形慕斯圈（6吋，13.5公分） 裁剪直徑18公分海綿蛋糕備用 心形13.5公分，厚3公分一1片 ＊用1號心形慕斯圈（6吋，13.5公分） 裁剪直徑18公分海綿蛋糕， 中間再用迷你尺寸心形慕斯圈（8公分） 挖中空備用	**夾層＆抹面＆裝飾鮮奶油霜** 鮮奶油250克、細砂糖25克、 草莓糖煮水果（參照P.25）50克

13.5公分　12公分　6.5公分　8公分

工具 TOOLS	裝飾 DECORATION
1號心形慕斯圈（6吋）、 迷你心形慕斯圈、抹刀、刮板、 戚風蛋糕刀、心形模具	心形巧克力

〈步驟〉

01 將蛋糕片裁剪成心形，其中一片再裁剪心形中空備用。

02 將夾層鮮奶油霜抹在心形蛋糕片表面，薄薄均勻地抹開。

03 放上中間挖空的心形蛋糕片。

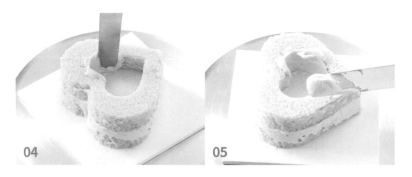

04 以和戚風蛋糕抹面相同的方式，從中空部分開始抹面打底。

05 進行表面抹面。用抹刀挖取比中空心形蛋糕片寬度更長的鮮奶油霜。

06 蛋糕表面上，將鮮奶油霜抹開，注意別讓鮮奶油霜掉到中空部分的底面。

07 一手保持抹刀不動，一手轉動轉枱，將表面抹至平整。

TIPS

❶ 步驟06中，如果抹刀觸碰的次數太多，蛋糕片上會產生太多鮮奶油霜，鮮奶油霜也
會變得粗糙，所以塗抹鮮奶油霜時，盡量減少觸碰的次數。

08 用抹刀挖取與蛋糕等高的鮮奶油霜,塗抹蛋糕側邊。

09 塗抹鮮奶油霜,讓鮮奶油霜的厚度整體一致。

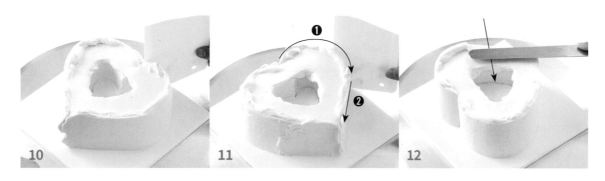

10 使用刮板,從曲線部分側邊開始抹面。

11 曲線部分邊轉動轉枱邊抹面;直線部分轉枱靜止不動,有節奏地側邊抹面。

12 從尖端部分一點一點塑出心形,抹平鮮奶油牆。

13 使用薄戚風蛋糕刀,將中空部分的內面俐落平整收邊。

14 表面也用戚風蛋糕刀俐落平整收邊。

15 在中間凹陷部分,放入顏色深淺搭配的心形巧克力,大功告成囉!

TIPS

❷ 步驟08中，側邊抹面在塗抹鮮奶油霜時，也要盡量
減少抹刀觸碰的次數。

❸ 步驟10中，凹進去的部分要確實塑出稜角，讓心形
能夠清楚成型。

❹ 步驟15中，顏色深淺搭配的心形巧克力，做法是將
想要的顏色色素混入免調溫白巧克力，再倒入心形模
具，等凝固後取出，用來裝飾蛋糕。

완두콩앙금

Cake 18.

櫻桃條層抹面蛋糕

運用櫻桃鮮奶油霜、草莓甘納許淋面，
試做了這款可愛又具華麗感的蛋糕。為了凸顯粉紅與白色的相間對比，
建議選用果肉顆粒滿滿可見、顏色較深的櫻桃鮮奶油霜，
會比淡色的草莓鮮奶油霜來得合適。
蛋糕表面填滿深紅色的櫻桃餡，顏色對比更加鮮明，
再用草莓甘納許、粉紅色玫瑰花瓣增添華麗感，蛋糕就完成囉！

海綿蛋糕 GENOISE	鮮奶油霜 CREAM
原味海綿蛋糕（參照P.32） 直徑15公分，厚1.5公分一4片	**夾層鮮奶油霜** 鮮奶油150克、細砂糖15克、 櫻桃糖煮水果（參照P.25）70克 **抹面鮮奶油霜（白色）** 鮮奶油40克、細砂糖5克、煉乳5克 **抹面&裝飾鮮奶油霜** 鮮奶油200克、細砂糖20克、 櫻桃糖煮水果（參照P.25）90克
工具 TOOLS	裝飾 DECORATION
抹刀、側邊裝飾刮板、 方角刮片、擠花袋、887號花嘴	草莓甘納許（參照P.29）、 櫻桃餡（參照P.123的水果餡做法）、 玫瑰花瓣

〈步驟〉

01 參照 P21 ，完成圓形蛋糕抹面備用。用側邊裝飾刮板做側邊抹面，刮出圖紋。

02 在圖紋凹槽處，填上抹面鮮奶油霜（白色）。

03 在擠入的鮮奶油霜乾掉之前，趕緊用刮板抹面。

04 側邊抹面收邊完成之後，抹平鮮奶油牆。

TIPS

❷ 操作步驟01時，重點在使用抹刀或刮板作業時，角度要比原本抹面稍微更開一點。稍微拉開角度抹面，側邊圖紋才會劃得比較深。

❸ 步驟02中，填上鮮奶油霜時，擠花袋口只是稍微觸貼蛋糕側邊，進行擠花。只有在手盡量固定的狀態下，快速轉動轉枱擠花，才能線條不晃動，俐落填入圖紋凹槽。

❹ 步驟03中，一邊轉動轉枱，一邊抹面，轉枱的旋轉次數最好不超過3圈。如果轉太多次，兩種鮮奶油霜的界線可能變得模糊，雙色容易混在一起。

05　將完全放涼的草莓甘納許填入擠花袋，配合蛋糕表面外緣流溢。

06　等甘納許稍微變硬時，使用887號花嘴，按順時針方向，畫圓圈擠花。

07　擠花鮮奶油霜的內側，填入滿滿的櫻桃餡。

08　最後放上淺粉紅色的玫瑰花瓣，大功告成囉！

TIPS

❹ 步驟05中，甘納許不規則地流溢，成品會比較自然。

❺ 步驟06中，將花嘴懸空提高大約1公分，與蛋糕表面維持90°擠花，讓擠花看起來更飽滿豐盈。

Cake 19.

藍莓條層抹面蛋糕

較高的蛋糕在側邊抹面時，比起樸素簡約的風格，更適合用顏色或圖紋增添趣味。

這裡以條層抹面當作蛋糕側邊的亮點，間距不固定，避免視覺單調，

用深色藍莓鮮奶油霜、白鮮奶油霜抹面搭配，讓顏色形成鮮明對比。

不過，紫色鮮奶油霜、白色鮮奶油霜的界線處，

顏色可能會隨著時間滲入，所以最好盡快操作完成。

條層抹面通常比一般抹面難度更高。

若要界線分明，用側邊裝飾刮板做紫色鮮奶油霜抹面時，要注意把圖紋凹槽挖深一點，

且在圖紋凹槽擠花時，別擠入太多白鮮奶油霜。

此外，收尾的抹面做越多次，越容易弄髒，

所以最好在轉枱 3 圈以內做好。適時停止才能俐落收尾，大家務必要多加練習。

同場加映

水果餡

材料

藍莓 1 公斤、細砂糖 800 克、檸檬汁少許

＊藍莓可以用其他水果替換，這裡則以藍莓為製作範例。

01 將藍莓、細砂糖放入鍋中，浸泡直到細砂糖稍微融化。

02 開中火，以木刮刀勺攪拌煮滾。

03 開始收汁時，放入檸檬汁，增添酸味。

04 關火，將裝有冰塊水的鋼盆墊在下面，等充分冷卻後，放入密封保鮮盒，以冷藏保存。

Cake 20.

巧克力條層抹面蛋糕

前面曾介紹運用糖煮水果的條層蛋糕，

缺點是過一段時間後，顏色的界線處容易暈開。

所以，這次嘗試運用不會隨時間暈開的巧克力鮮奶油霜、白鮮奶油霜。

使用旋風造型花嘴做環形擠花，中間放上帶梗櫻桃，為蛋糕增添色彩。

巧克力條層蛋糕的造型，矮層蛋糕比高層蛋糕更合適。

海綿蛋糕 GENOISE	鮮奶油霜 CREAM
巧克力海綿蛋糕（參照P.34） 直徑15公分，厚1.5公分一3片	**夾層鮮奶油霜** 鮮奶油180克、細砂糖25克、 可可粉18克 **夾餡** 稍微沾點牛奶的奧利奧餅乾適量 **抹面&裝飾鮮奶油霜** 鮮奶油250克、細砂糖30克、 可可粉25克
工具 TOOLS	裝飾 DECORATION
刮板、側邊裝飾刮板、 方角刮片、887號花嘴	帶梗櫻桃、食用金箔

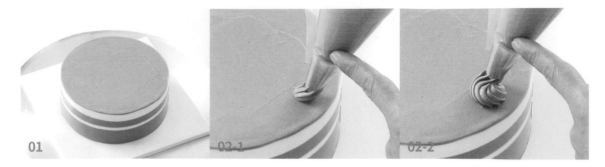

〈步驟〉

01 參照 `P.120`，用巧克力鮮奶油霜、白鮮奶油霜完成蛋糕條層抹面備用。

02 將花嘴懸空提高大約1公分，與蛋糕表面維持90°開始擠花。短短向下畫直線後，按順時針方向轉一圈。

03 轉一圈回到原位後，上面再擠花一次。

04 這是擠花兩圈後的樣子，整體效果呈現飽滿豐盈的氛圍。

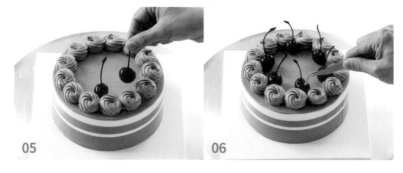

05 在擠花的鮮奶油霜之間，放上帶梗櫻桃。

06 最後以食用金箔點綴，大功告成囉！

TIPS

❶ 步驟04中，用巧克力鮮奶油霜抹面時，矮層蛋糕的成品比高層蛋糕更漂亮。相反地，擠花的鮮奶油霜高度，則會增添飽滿豐盈感。

❷ 步驟05時，帶梗櫻桃要確實除去水分後再使用。

蘋果花圓弧蛋糕

這是以白雪公主童話中的蘋果發想，製作而成的蘋果形圓弧蛋糕。

若是單純想用鮮奶油霜凸顯紅色的色感會受到侷限，

所以加入了紅醋栗糖煮水果，以及少量色素調整。

一般來說，在鮮奶油中加入色素，鮮奶油的質地會被稀釋，

導致褪色和暈染，所以要特別留意別添加太多色素。

海綿蛋糕 GENOISE	鮮奶油霜 CREAM
原味海綿蛋糕（參照P.32） 直徑15公分，厚1.5 公分一3片	**夾層鮮奶油霜** 鮮奶油160克、細砂糖16克 **夾餡** 草莓適量 **抹面&裝飾鮮奶油霜** 鮮奶油150克、細砂糖15克、 紅醋栗糖煮水果（參照P.25）40克、 紅色色素少許

工具 TOOLS	裝飾 DECORATION
抹刀、塑膠刮片	珠光糖珠、玫瑰葉

〈步驟〉

01 參照 P21，完成圓形蛋糕抹面打底。這款基本圓形蛋糕是完成水果夾餡的高層蛋糕。

02 手握塑膠刮片，配合蛋糕尺寸彎折刮片的上下部分，抹面做出蘋果形。

03 以圓弧抹面為基本塑型，將滑落底盤的鮮奶油霜清理乾淨。

04 手握刮片一端，如畫曲線一般，從蛋糕下面刮上來，做出圖紋。

05 讓每條曲線的收尾處在蛋糕表面正中間交會，間距不要太密，如上圖做出圖紋。

06 用刮片邊角，在蛋糕表面從外往內畫蝸牛形的圓圈，做出線條。

TIPS

❶ 步驟01中，當蛋糕側邊抹面是有圖紋的圓弧形時，蛋糕側邊的抹面要塗上充足的鮮奶油霜。

❷ 步驟02中，由於蛋糕有高度，比起現成的不鏽鋼圓弧刮片，將塑膠刮片彎折後使用會更合適。

07 右手拿刮片保持不動，只要快速轉動轉枱，這樣線條才不會晃動。

08 來到蛋糕正中央，提起塑膠刮片收尾。

09 在蛋糕表面放上珠光糖珠。

10 放上與蘋果花圓弧蛋糕相搭的大片玫瑰葉當作重點裝飾，大功告成囉！

Cake 22.

陶瓷圓弧蛋糕

這是素雅乾淨的陶瓷圓弧蛋糕。若使用自製的不鏽鋼圓弧刮片，

可以將彎折角度開得較窄或較寬使用，

不過，這裡使用的是現成的平面不鏽鋼圓弧刮片，

最好按照成品的彎折角度使用。彎折角度佳的不鏽鋼圓弧刮片，

很適合表現陶瓷感。蛋糕中間使用塑膠刮片挖出鮮奶油霜，

這時如果表面的鮮奶油霜太厚，邊界的鮮奶油霜高度升高，視覺上可能略顯凌亂，

所以鮮奶油霜的抹面最好不要太厚。最後只用雪白糖粉（SIB Deco White）和綠葉點綴，

雅致的陶瓷圓弧蛋糕就完成囉！

海綿蛋糕 GENOISE	鮮奶油霜 CREAM
原味海綿蛋糕（參照P.32） 直徑15公分，厚1.5公分一3片	**夾層鮮奶油霜** 鮮奶油120克、細砂糖12克、 芒果糖煮水果（參照P.25）40克 **抹面＆裝飾鮮奶油霜** 鮮奶油170克、細砂糖10克、 煉乳15克

工具 TOOLS	裝飾 DECORATION
抹刀、塑膠刮片、 平面不鏽鋼圓弧刮片	雪白糖粉、綠葉

〈步驟〉

01 參照 P.21 ，完成圓形蛋糕抹面打底。以下用這個矮層圓形蛋糕進行圓弧形抹面。

02 斜斜拿著不鏽鋼圓弧刮片側邊抹面，將圓弧刮片的後側刀刃貼近蛋糕側邊抹面。

03 為了完成陶瓷器的倒圓弧形，採取蛋糕下面直徑較窄、越往上越寬的方式抹面。

04 蛋糕表面以小型塑膠刮片整平至光滑。

05 撒上雪白糖粉，演繹出更為柔和的白瓷感。

06 放上綠葉裝飾，綠白雙色雖簡單，但能營造出素雅的氛圍，大功告成囉！

TIPS

❶ 步驟01中，矮層圓弧形抹面時，蛋糕側邊的抹面要塗上充足的鮮奶油霜。

❷ 步驟04中，拿著塑膠刮片的手要保持不動，一邊轉動轉枱，一邊抹平表面。

Cake 23.

雪球蛋糕

這款鮮奶油蛋糕，嘗試呈現一想到聖誕節和冬天，
就會浮現腦海裡的雪球。蛋糕體修整為圓弧蛋糕的樣子後，
翻過來抹面，最後的重點是築出矮矮的鮮奶油牆，讓櫻桃餡不會流出來。
鮮奶油牆抹面收尾時，黏上一次乾椰子片，之後再放上一次，確保成型。
這是北極熊寶寶在滾雪球的可愛蛋糕。
上面再覆蓋塑膠圓頂，聖誕雪球形的蛋糕就完成囉！

海綿蛋糕 GENOISE	鮮奶油霜 CREAM
原味海綿蛋糕（參照P.32） 直徑13公分，厚1公分一5片 ＊用直徑13公分圓形慕斯圈 裁剪直徑15公分海綿蛋糕備用	**夾層鮮奶油霜** 鮮奶油160克、細砂糖16克、 覆盆子糖煮水果（參照P.25）40克 **抹面鮮奶油霜** 鮮奶油150克、細砂糖10克、 煉乳10克

工具 TOOLS	裝飾 DECORATION
圓形慕斯圈（直徑13公分）、 抹刀、塑膠刮片、刮板、 雪人形狀餅乾切模	乾椰子片、 櫻桃餡（參照P.123的水果餡做法）、 北極熊寶寶公仔、櫻桃果凍、 雪人形塑型翻糖、雪莎巧克力、 塑膠圓頂

〈步驟〉

01 裁剪5片直徑13、厚1公分的蛋糕片疊在轉枱上,最上層的蛋糕片外緣修為圓弧形。

02 將修整為圓弧形的海綿蛋糕翻過來變成底,參照 P21 完成夾餡和抹面,做成倒圓弧形。

03 彎折塑膠刮片抹面。刮片的後側刀刃維持觸貼蛋糕側邊 (3點鐘方向),直到完成抹面。

04 因為要做成倒圓弧形,不彎折塑膠刮片的上面,只要確實彎折下面,進行抹面。

05 這是完成倒圓弧形抹面的樣子。以自然築出鮮奶油牆的方式收尾。

06 黏上乾椰子片之前,將底盤沾到的鮮奶油霜清理乾淨,避免出水。

TIPS

❶ 步驟01中,轉枱上鋪好保鮮膜再操作,之後撕去保鮮膜,就能乾淨清理海綿蛋糕的碎屑。

07 為了呈現像下雪的氛圍,將椰子片黏在蛋糕上。將椰子片撒落底盤上。

08 使用抹刀，將撒落底面的椰子片往上刮，黏至蛋糕側邊。

09 用刮板輕拍蛋糕側邊，黏好椰子片，再次修整圓弧形收尾。

10 用櫻桃餡填滿蛋糕表面，滿滿填放在蛋糕牆內側。

11 中間隨處放上圓形紅色果凍點綴。

12 放上可愛的熊寶寶公仔、雪人形巧克力、雪莎巧克力，大功告成囉！

TIPS

❷ 步驟08中，若用手黏的話，可能會留下手印，所以使用抹刀，
　手不出力，將椰子片往上掃，黏至蛋糕側邊。

❸ 步驟12中，將白巧克力塑型翻糖（參照P.48）擀開，用餅乾切
　模裁出雪人形狀，變硬後當成裝飾使用。

Cake 24.

北極熊冰屋蛋糕

今天試著做做看孩子們喜愛的可愛冰屋蛋糕吧！
使用塑膠刮片抹面，做出雪屋氛圍的圖案。
不同於一般的圓頂形，蛋糕下面像太空船一樣展開，成為亮點。
此外，用塑型翻糖製作的北極熊，
搭配讓人聯想到冰塊的馬林糖片和糖粉裝飾，可愛的作品就完成囉！

海綿蛋糕 GENOISE	鮮奶油霜 CREAM
	夾層鮮奶油霜
	黑巧克力 50克、
	鮮奶油 50克（甘納許用）、
	鮮奶油150克（打發用）
巧克力海綿蛋糕（參照P.34）	＊可參照P.26
直徑15公分，厚1公分—5片	**夾餡**
	稍微沾點牛奶的奧利奧餅乾適量
	抹面鮮奶油霜
	鮮奶油170克、細砂糖17克、
	奧利奧餅乾碎片20克

工具 TOOLS	裝飾 DECORATION
抹刀、圖紋塑膠刮片、木籤、	
北極熊形餅乾切模	馬林糖片、北極熊形塑型翻糖、
＊塑膠刮片可自製使用，	糖粉
添上圖紋刮邊即可	
（參照P.224圖紋刮片1-Ⓐ）	

〈步驟〉

01 將蛋白、細砂糖放入鋼盆，以裝有熱水的鋼盆墊在下面加熱，攪拌直到細砂糖溶解。

02 當溫度上升到大約60°C時，用手提電動攪拌器高速打發。

03 蛋白霜攪打至尖端挺立，不會下垂，即打發完成。

04 在烤盤布(鐵氟龍布)上，將蛋白霜均勻抹開。

05 烤箱預熱至80～90°C後放入，烘焙約1小時20分鐘至乾，裁成想要的大小，即成馬林糖片。

06 參照 P.21 完成圓形蛋糕抹面打底。用彎折附有圖紋的塑膠刮片，進行抹面。

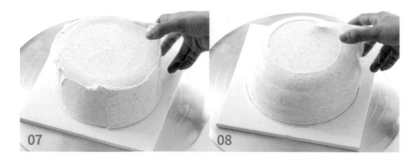

TIPS

❶ 編者按，步驟01中，一般馬林糖的配方有好幾種，其中蛋白：糖的比例有1：1或1：1.5或1：2的，都有人製作。

❷ 步驟05中用剩的馬林糖片，可以和矽膠乾燥劑一起裝入密封保鮮盒中保存。

07 彎折塑膠刮片上面進行抹面，完成雪屋的樣子。

08 塑膠刮片後側刀刃維持觸貼蛋糕側邊(3點鐘方向)，直到完成抹面。

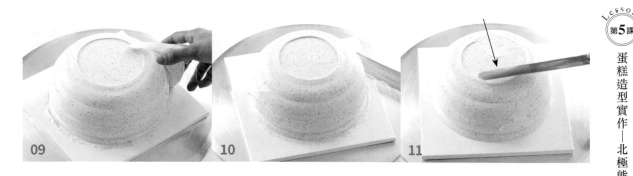

09 為了讓圖紋更明顯，建議最後將塑膠刮片前側刀刃拉開角度，再轉一兩圈轉枱。

10 抹面完成後，將沾到底盤的鮮奶油霜清理乾淨。

11 用抹刀從外往內刮掃，抹平鮮奶油牆。

12 蛋糕側邊用長籤向內按壓，做成雪屋圖紋。

13 撒上雪白糖粉，呈現下雪的風景。

14 用馬林糖片裝飾蛋糕下面的部分。

15 放上北極熊塑型翻糖，大功告成囉！

TIPS

❸ 步驟12中，不用按壓方式，用長籤往上刮的話，鮮奶油霜會沾在長籤上，使劃痕變得凌亂。

❹ 步驟15中，將白巧克力塑型翻糖（參照P.48）擀開，用北極熊餅乾切模裁切，變硬後當作裝飾用。

Cake 25.

甜瓜滿滿的果籃蛋糕

我想製作一款充分運用當季食材，又適合夏日風格的蛋糕，

於是有了這個光看就覺得清涼無比的甜瓜果籃蛋糕！

這裡只用白、綠兩種顏色裝飾，運用最少的顏色，希望能達成視覺和諧。

這款蛋糕必須使用多種工具，抹面難度高。

不鏽鋼圓弧刮片的彎折角度，也經常要根據擠花鮮奶油霜的量，

加以彎曲或張開調整。最後搭配圓滾滾的甜瓜，

並以一片假葉樹（Ruscus）葉俐落收尾。

此外，芒果版和水蜜桃版蛋糕，也是很棒的應用！

海綿蛋糕 GENOISE	鮮奶油霜 CREAM
原味海綿蛋糕（參照P.32） 直徑15公分，厚1.5公分一3片	**夾層鮮奶油霜** 鮮奶油160克、細砂糖16克 **夾餡** 甜瓜適量 **抹面鮮奶油霜** 鮮奶油250克、細砂糖15克、 煉乳20克

工具 TOOLS	裝飾 DECORATION
抹刀、擠花袋、 不鏽鋼圓弧刮片、刮板、 慕斯蛋糕圍邊條、水果挖球器	甜瓜、假葉樹葉、緞帶

〈步驟〉

01 參照 `P21` ，完成圓形蛋糕抹面打底。擠花袋填入抹面鮮奶油霜，剪去尾端，沿蛋糕表面外緣擠花三、四圈，形成花籃的模樣。

02 彎折不鏽鋼圓弧刮片上面的部分，只對擠花的部分抹面。

03 輕輕手持刮片下面的部分，以刮片後側刀刃得以觸及擠花鮮奶油霜的方式抹面。

04 垂直拿方角刮片進行側邊抹面，讓蛋糕側邊垂直成型。

05 以慕斯蛋糕圍邊條環繞貼上蛋糕側邊。

06 選定蛋糕正面位置，然後繫上緞帶。

TIPS

❶ 步驟01抹面打底時，蛋糕表面的鮮奶油霜厚度，以蛋糕體可以透見的程度薄薄完成抹面。如果表面的鮮奶油霜很厚，放上甜瓜時，鮮奶油霜會濺到甜瓜上。

❷ 步驟06中，這裡繞兩圈繫上寬2.5公分的綠色緞帶。

07 用不同尺寸的挖球器挖取甜瓜球，盛滿蛋糕表面，用假葉樹葉點綴，大功告成囉！

Cake 26.

草莓滿滿的果籃蛋糕

在夏天，盛滿甜瓜的甜瓜果籃蛋糕大受歡迎；在冬天，
則是盛滿紅色草莓的草莓果籃蛋糕最有人氣。
冬季蛋糕的代表顏色是紅色、白色！為了增添華麗感，
蛋糕側邊還可以貼上草莓薄片。以這款蛋糕演繹出豐盛草莓的感覺吧！

Cake 27.

夏日海洋蛋糕

藍色大海上的白色泡沫、沙粒，

還有各種形狀大小的貝殼，這是為夏日海洋構思製作的造型蛋糕。

藍色大海，用放入藍柑風味糖漿（Monin Blue Curacao Syrup）的鮮奶油霜抹面做成。

至於沙子，如果想要顏色深一點，可使用磨碎的消化餅乾；

如果想要沙子顏色淺一點，則可使用蘇打餅乾。

如果兩種餅乾混合使用，更能自然演繹出沙子的感覺。

另外，時間久了，白甘納許容易滑流，所以建議製作時提高巧克力的比例。

戚風蛋糕 CHIFFON	鮮奶油霜 CREAM
原味戚風蛋糕（參照P.38） 直徑18公分，厚6公分─1個	**夾層鮮奶油霜** （鮮奶油230克、細砂糖10克、 煉乳20克） ＋ 藍柑風味糖漿少許

工具 TOOLS	裝飾 DECORATION
抹刀、擠花袋、塑膠刮片、 小湯匙、貝殼形模具	白甘納許（參照P.28）、蘇打餅乾、 消化餅乾、巧克力飾品、 雪白糖粉、珠光糖珠

〈步驟〉

01 為了做出管狀造型,用刀將戚風蛋糕的下面部分修圓。

02 用手掌舉起戚風蛋糕,搓一搓、拍一拍,清除上面的碎屑。

03 從戚風蛋糕的孔洞抹面打底,用抹刀挖取與蛋糕等高的鮮奶油霜。

04 分3～4次補充鮮奶油霜,進行孔洞的抹面打底。

05 抹鮮奶油霜時,建議旁邊放個小鋼盆,邊刮掉沾到碎屑的鮮奶油霜,再一邊操作。

06 孔洞抹面完成時,轉枱保持旋轉,邊將抹刀往上提,邊用左手支撐,將抹刀往上抽出。

TIPS

❶ 步驟01中轉枱上鋪保鮮膜作業,最後就能乾淨清理戚風蛋糕的碎屑。

❷ 步驟05中,每次抹刀觸碰蛋糕時會沾到蛋糕屑,建議操作時放個小鋼盆,可以邊刮掉沾到碎屑的鮮奶油霜。

07 用刮刀挖取鮮奶油霜4～5次,放上戚風蛋糕表面。

08 孔洞保持抹面,僅將蛋糕表面抹面至光滑。邊保持抹刀不動,邊轉動轉枱抹面。

09 一手垂直拿抹刀,一手轉動轉枱,將流下來的鮮奶油霜抹在蛋糕側邊。

10 用抹刀挖取鮮奶油霜,以「前後前後」的手勢大幅移動,將沒有鮮奶油的地方也都抹上鮮奶油霜。

11 確實彎折塑膠刮片抹面。想像管狀造型,將整個刮片彎成圓弧形。

12 刮片後側刀刃維持觸貼蛋糕側邊(3點方向),直到完成抹面。

13 用小湯匙刨出蛋糕底部。

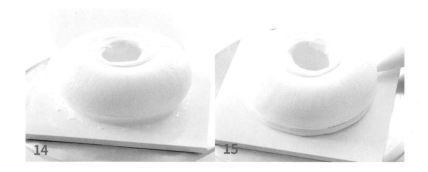

14 這是蛋糕底部凹陷的樣子。

15 將藍色鮮奶油填入擠花袋,在蛋糕內凹的部分擠花。

TIPS

❸ 步驟**13**中,湯匙的圓匙部分觸貼蛋糕,一邊轉動轉枱,一邊刨出要放入藍色鮮奶油霜的地方。

❹ 步驟**15**中,可將少量藍柑風味糖漿,或是藍色色素混入抹面鮮奶油霜後使用。

16 再次用塑膠刮片抹面。

17 用抹刀將沾到底盤的鮮奶油霜清理乾淨。

18 中間孔洞再次抹面。

19 孔洞抹面完成時，轉枱保持旋轉，邊將抹刀往上提，邊用左手支撐，將抹刀往上抽出。

20 用抹刀前側刃尖輕輕修整蛋糕洞口的鮮奶油牆。

21 讓白甘納許只向蛋糕一側流溢，用以表現飛濺的白色波浪。

22 放上貝殼形巧克力。

23 將蘇打餅乾、消化餅乾磨碎，用以表現海邊的沙，再以糖粉裝飾即成！

TIPS

❺ 步驟22中，免調溫白巧克力與白色色素（二氧化鈦）混勻後，倒入貝殼形模具，凝固後即可使用。

❻ 步驟23中，消化餅乾可表現深色沙子，蘇打餅乾可表現淺色沙子。

Cake 28.

聖誕花環蛋糕

一提及聖誕節，就讓人想到聖誕花環，這次就以聖誕花環當作蛋糕造型。

為了呈現比實際花環更渾圓的模樣，建議用注入的方式做鮮奶油夾餡。

戚風蛋糕的蛋糕體本身就比較軟，尤其中間還有個洞，

裁剪較難，所以鮮奶油霜的夾餡用擠花袋填充，而非疊層的方式。

填充鮮奶油霜時，可能會感受到鮮奶油霜往指尖湧出。

在蛋糕成品中間插上蠟燭、點亮蠟燭，

讓平安夜更具幽微靜謐的氣氛。

戚風蛋糕 CHIFFON	鮮奶油霜 CREAM
原味戚風蛋糕（參照P.38） 直徑18公分，厚6公分一1個	**夾層鮮奶油霜** 鮮奶油50克、細砂糖5克、 草莓糖煮水果（參照P.25）25克 **抹面鮮奶油霜** 鮮奶油150克、細砂糖15克、 草莓糖煮水果（參照P.25）70克

工具 TOOLS	裝飾 DECORATION
抹刀、塑膠刮片、 圓形花嘴（花嘴口直徑約0.4公分）	蠟燭、草莓、帶梗櫻桃、 食用金箔、玫瑰花瓣

〈步驟〉

01 為了做出管狀造型，用刀將戚風蛋糕的下面部分修圓。

02 用手掌舉起戚風蛋糕，搓一搓、拍一拍，清除上面的碎屑。

03 用直徑約0.4公分的小型圓形花嘴，在蛋糕體上挖洞後，注入夾餡鮮奶油霜。

04 分6處注入鮮奶油霜，用抹刀將注入的入口整平。

05 確實彎折塑膠刮片抹面。

06 想像管狀造型，將整個刮片彎成圓弧形，進行抹面。

TIPS

❶ 步驟03中，是以注入擠花袋的方式填入鮮奶油霜。

❷ 步驟04注入鮮奶油霜時，蛋糕體會有圓鼓鼓的膨脹感。若想呈現豐盈感的環形蛋糕，注入鮮奶油霜會比用鮮奶油霜夾餡來得好。

❸ 步驟07中，用左手轉動轉枱的速度，要配合右手做出波紋的速度，才能做出間距相同的圖紋。

07 若想做出細密間距的波紋，可以一邊輕輕晃動刮片，一邊轉動轉枱抹面。

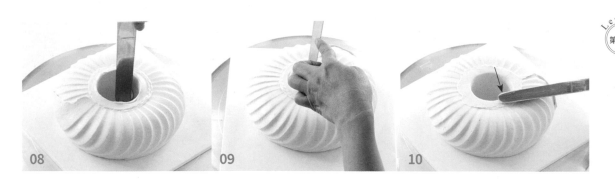

08 最後進行中間孔洞的抹面。抹刀的後側刀刃維持緊貼1點鐘方向抹面。

09 抽出抹刀時，轉枱保持在旋轉狀態，一邊將抹刀往上提，一邊將抹刀帶向中間，用左手支撐，將抹刀往上拔出。

10 用抹刀前側刃尖一點一點修整鮮奶油牆。

11 為了完全覆蓋鮮奶油牆經修整的部分，維持環形放上草莓和帶梗櫻桃。

12 以食用金箔點綴，用淺粉紅玫瑰花瓣增添層次感，大功告成囉！

這是使用P.225粗齒方角刮片

完成側邊抹面的應用版聖誕節環形蛋糕作品。

Cake 29.

雪莎巧克力環形蛋糕

因為想把雪莎巧克力轉換成蛋糕，
所以將環形蛋糕做成這款咖啡椰子風味的蛋糕。
咖啡鮮奶油搭配撒得滿滿的椰子粉，成為一款風味極佳的蛋糕。
放在中間的雪莎巧克力，像雪球般與蛋糕完美融合，
演繹出另一股風情的冬季環形蛋糕。

海綿蛋糕 GENOISE	鮮奶油霜 CREAM
原味海綿蛋糕（參照P.32） 直徑15 公分，厚1公分一4片 ＊用直徑7.5公分圓形切模 在直徑15公分海綿蛋糕上挖中空備用	**夾層鮮奶油霜** 鮮奶油150克、細砂糖10克、 咖啡精5克、煉乳10克 **抹面鮮奶油霜** 鮮奶油300克、細砂糖20克、 咖啡精8克、煉乳10克

工具 TOOLS	裝飾 DECORATION
圓形切模（直徑7.5公分）、 擠花袋、細齒方角刮片、 867K花嘴、806號花嘴	椰子粉、雪莎巧克力

〈步驟〉

01 用直徑7.5公分的圓形切模,將裁剪成厚1公分的蛋糕片正中央挖空。

02 夾層鮮奶油霜填入擠花袋,配合蛋糕片的形狀擠花,避免夾層鮮奶油霜外溢。

03 一手保持抹刀不動,一手轉動轉枱,輕輕抹平表面的鮮奶油霜。

04 放上蛋糕片時,從上方仔細看,蛋糕片要與下面的蛋糕側邊對齊,與枱面垂直。

05 以相同的方式,將4片蛋糕都完成夾餡。

06 以戚風蛋糕抹面的方法,在中間空洞抹面。用抹刀挖取與蛋糕等高的鮮奶油霜抹面。

TIPS

❶ 步驟06中,抹刀後側刀刃緊貼蛋糕1點鐘方向,觸貼底盤,進行孔洞抹面。

❷ 步驟07中,注意調整鮮奶油霜的量,避免過多鮮奶油霜掉到孔洞內側的底面。

07 表面部分,用抹刀挖取比蛋糕片寬度稍微更長的鮮奶油霜,進行抹面。

08 若抹刀過度推抹，蛋糕片的鮮奶油霜會升高，因此表面塗抹鮮奶油霜時，要減少觸碰次數。

09 一手保持抹刀不動，一手轉動轉枱，將表面的鮮奶油霜抹至平整。

10 垂直拿著抹刀，以「前後前後」的手勢大幅移動，將流下側邊的鮮奶油霜均勻抹開。

11 用抹刀挖取與蛋糕等高的鮮奶油霜，用鮮奶油霜填滿下方的部分。

12 用細齒方角刮片做蛋糕側邊抹面。方角刮片後側刀刃維持緊貼蛋糕側邊3點鐘方向，進行抹面。若要蛋糕側邊圖紋明顯呈現，那麼拉開方角刮片前側刀刃的角度，比以抹刀抹面時更開一些。

TIPS

❸ 步驟**10**中，要垂直拿著抹刀，以「前後前後」的手勢大幅移動操作。

13 用抹刀從外往內刮掃，抹平鮮奶油牆。

14 用流進中空部分的鮮奶油霜，做孔洞內側的抹面。

15 抽出抹刀時，轉枱保持在旋轉狀態，一邊將抹刀往上提，一邊將抹刀帶向中間，用左手支撐，將抹刀往上拔出。

16 用抹刀前側刃尖一點一點修整洞口的鮮奶油牆，將表面俐落抹平。

17 蛋糕表面不規則地放上雪莎巧克力。

18 以867K花嘴做水滴擠花。將花嘴懸空提高1公分，與蛋糕表面維持90°做鮮奶油霜擠花。

TIPS

❹ 步驟19中，擠花的鮮奶油霜要做出尖端狀，那麼裝飾鮮奶油霜的打發程度必須達到柔軟蓬鬆的狀態。

19 以806號圓形花嘴在多處擠花，擠出小小的水滴造型。

20 撒上能呈現柔和感的椰子粉，大功告成囉！

Cake 30.

巧克力環形蛋糕

這是以巧克力鮮奶油、紅色水果、白色花瓣做成的，
簡潔又華麗的聖誕蛋糕。
為了讓蛋糕會隨著陰影方向、旋轉方向呈現多種不同氛圍，
選用 V 形花嘴擠花。抹面時，要注意調整鮮奶油霜的量，
避免過多鮮奶油霜滑流到環形蛋糕內側。
如果用一般抹刀不容易做洞內抹面，可以用寬度較窄的戚風蛋糕刀，
也能達到不錯的效果。

海綿蛋糕 GENOISE	鮮奶油霜 CREAM
巧克力海綿蛋糕（參照P.34） 直徑15公分，厚1公分─4片 ＊用直徑7.5公分圓形切模 在直徑15公分海綿蛋糕上挖中空備用	**夾層鮮奶油霜** 鮮奶油150克、細砂糖20克、 可可粉15克 **抹面鮮奶油霜** 鮮奶油300克、細砂糖35克、 可可粉 30克

工具 TOOLS	裝飾 DECORATION
圓形切模（直徑7.5公分）、 抹刀、細齒方角刮片、685號花嘴	草莓、帶梗櫻桃、 食用金箔、 白色紫羅蘭花瓣

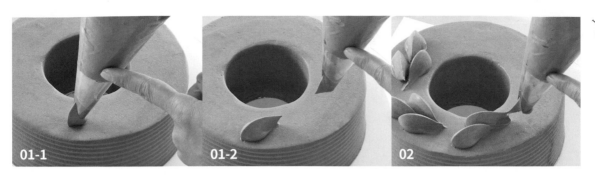

〈步驟〉

01 參照 P.158 ，完成環形蛋糕抹面備用。使用685號花嘴，將花嘴稍微懸空提起，與蛋糕表面維持90°開始擠花。

02 以3～4道擠花為一組，進行擠花。

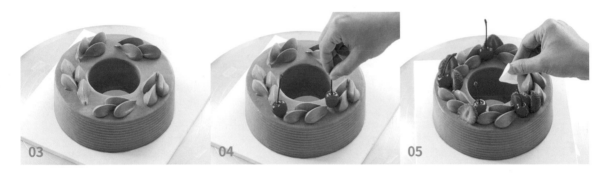

03 這是擠花完成的樣子。

04 在擠花的鮮奶油霜之間，放上帶梗櫻桃和草莓。

05 放上食用金箔和白色紫羅蘭花瓣點綴，大功告成囉！

TIPS

步驟**01**中，擠花讓鮮奶油霜圓圓觸貼蛋糕表面，鮮奶油霜飽滿隆起後，再輕輕抽出，形成尖端。花嘴要做出尖端狀，裝飾鮮奶油霜的打發程度必須達到柔軟蓬鬆的狀態。

方形蛋糕夾餡與抹面

〈步驟〉

抹面

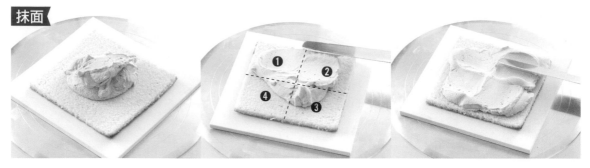

01 將鮮奶油霜放到方形海綿蛋糕片上(15公分方形慕斯圈裁剪直徑18公分蛋糕)。

02 蛋糕表面分4等分，鮮奶油霜向旁邊推展開夾餡。將鮮奶油霜分4等分推展開時，較容易分散到邊角部分。

03 抹刀刃尖固定朝向中央，邊轉動轉枱，邊抹平表面鮮奶油霜(可稍微超出蛋糕側邊)。

04 一手垂直拿抹刀，一手轉動轉枱，用抹刀一氣呵成刮除側邊多餘的鮮奶油霜。

05 按照「角→面→角→面」的順序，抹平鮮奶油牆和蛋糕表面。

抹面

06 放上蛋糕片時，從上方仔細看，蛋糕片要與下面的蛋糕側邊對齊，垂直枱面。

07 以相同方式將蛋糕片疊至想要的高度，上圖為完成夾餡。

08 放上足以流下蛋糕側邊的鮮奶油霜。

09 抹面的方法與夾餡相同，要留意邊角部分也要抹到鮮奶油霜。

10 抹刀刃尖固定朝向中央，邊轉動轉枱，邊抹平表面鮮奶油霜（可稍微超出蛋糕側邊）。

11 垂直拿著抹刀，以「前後前後」大幅移動，將流下蛋糕側邊的鮮奶油霜均勻抹開。

12 用抹刀挖取與蛋糕等高的鮮奶油霜，將沒有鮮奶油的地方都填滿。

13 用刮板操作蛋糕側邊抹面。

14 使用抹刀，從蛋糕邊角部分開始抹平鮮奶油牆。

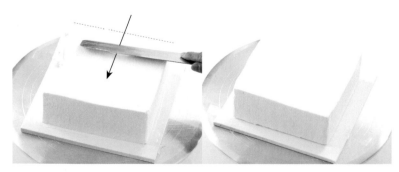

15 重複按照「角→面→角→面」的順序，抹平鮮奶油牆和蛋糕表面。

16 這是抹面完成的蛋糕外觀。

TIPS

❶ 步驟**13**方形蛋糕抹面時，使用刮板操作更俐落，且能縮短作業時間。

❷ 步驟**16**方形蛋糕抹面最常見的失誤，是邊角的蛋糕露出。所以當刮板抹到蛋糕的邊角時，手不要出力，以免刮掉邊角的鮮奶油霜。

Cake 31.

線條擠花方形蛋糕

線條擠花首重乾淨俐落，所以用淡柔色的草莓鮮奶油霜做抹面和擠花，
效果更勝深色的櫻桃鮮奶油霜。
請調整間距做直線擠花，在 1 號（6 吋）方形蛋糕的表面擠入 8 條線。
如果還不擅長直線擠花，在擠花之前，
可嘗試用抹刀在蛋糕上標示線條，再順著線條擠花。
擠花過程中可能會有氣泡破裂的情形，可以在這些地方放上玫瑰花瓣遮蓋。

海綿蛋糕 GENOISE	鮮奶油霜 CREAM
原味海綿蛋糕（參照P.32） 邊長15公分，厚1公分─5片 ＊用15公分方形慕斯圈 裁剪直徑18公分海綿蛋糕備用	**夾層鮮奶油霜** 鮮奶油220克、細砂糖22克、 草莓糖煮水果（參照P.25）50克 **抹面鮮奶油霜** 鮮奶油140克、細砂糖14克、 草莓糖煮水果（參照P.25）60克 **裝飾鮮奶油霜** 鮮奶油90克、細砂糖9克、 草莓糖煮水果（參照P.25）40克

工具 TOOLS	裝飾 DECORATION
方形慕斯圈（15公分）、抹刀、 刮板、809號花嘴、小刀	玫瑰花瓣

〈步驟〉

01 參照 P.164 ，完成方形蛋糕抹面備用。

02 將809號花嘴與蛋糕表面平行、高度略高於蛋糕表面的位置,開始擠花。

03 直線擠花時,一氣呵成不斷線。

04 擠完1條線就用小刀削乾淨沾在花嘴上的鮮奶油霜,再開始下一個擠花。

05 這是完成共8條線擠花的樣子。

06 用淡粉紅色的玫瑰花瓣裝飾蛋糕表面,大功告成囉!

TIPS

步驟03中,這時重要的是維持一定的手力擠花,成品才會漂亮。

蛋糕造型實作—線條擠花方形蛋糕

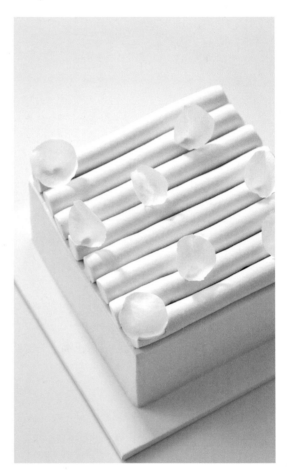

Cake 32.

雪村蛋糕

雪村蛋糕是集合巧克力小屋、雪樹和企鵝寶寶，
主題與外觀都予人溫暖冬日感覺的蛋糕。
方形蛋糕抹面時要修出邊角的稜角，所以難度相當高。
因此，我想試做一款「即使不擅長抹面的人，也能製作的方形蛋糕」，
於是有了這暖冬季蛋糕。以高低大小不一的尖頂帽呈現白雪覆蓋的樹木，
再放上正在玩捉迷藏般的企鵝寶寶。為了營造出整體白雪皚皚的氛圍，
呈現樹木時，不單只用白巧克力，還添加了白色色素，
讓尖頂帽的塗層更雪白明亮。巧克力小屋也可以用牛奶巧克力製作，
做出來的村莊會比黑巧克力更溫馨。

海綿蛋糕 GENOISE	鮮奶油霜 CREAM
原味海綿蛋糕（參照P.32） 邊長15公分，厚1公分一4片 ＊用15公分方形慕斯圈 裁剪直徑18公分海綿蛋糕備用	**夾層鮮奶油霜** 鮮奶油210克、細砂糖21克、 咖啡精7克、煉乳10克 **抹面鮮奶油霜** 鮮奶油220克、細砂糖22克、 煉乳10克

工具 TOOLS	裝飾 DECORATION
方形慕斯圈（15公分）、抹刀、 刮板、屋形模具	椰子粉、乾椰子片、屋形巧克力、 迷你冰淇淋捲筒（2種尺寸）、 免調溫白巧克力、雪白糖粉、 企鵝寶寶公仔

〈步驟〉

01 免調溫白巧克力融化備用。

02 用鑷子為迷你冰淇淋捲筒塗層(沾裹白巧克力)。

03 在小尺寸捲筒黏上椰子片，大尺寸捲筒黏上椰子粉，做成迷你雪樹。

04 參照 P.164 ，完成方形蛋糕抹面備用。

05 在蛋糕表面先撒滿椰子粉。

06 用抹刀推展開，平整表面，刷掉多餘的椰子粉。

TIPS

❶ 步驟06中，用手推展椰子粉可能會留下手印，建議用抹刀操作。

07 撒椰子粉至底盤，讓蛋糕側邊也能蓋滿椰子粉。

08 用抹刀將椰子粉往上刮掃,將椰子粉黏到蛋糕側邊上。

09 將屋形巧克力放在蛋糕表面。

10 在空置的空間,放上做好的迷你雪樹、企鵝寶寶公仔。

11 最後撒上雪白糖粉,大功告成囉!

TIPS

❷ 步驟09中,將免調溫黑巧克力倒入屋形模具,搖動模具,讓巧克力均勻
分布,待巧克力凝固後使用。如果灌模巧克力太薄,在與模具分離的過程
中,巧克力很容易碎裂。所以要重複灌模巧克力2次,尤其易碎的邊角,要
灌厚一點。

Cake 33.

北極熊方形＆圓弧蛋糕

這款造型蛋糕同時使用方形和圓弧蛋糕，外觀更添趣味。
相較於方整的正方形，長方形與圓弧形似乎更搭，
兩者結合能呈現出一種可愛風。
這款蛋糕很費工，抹面難度偏高，所以用椰子粉收尾，
可以減少抹面的負擔，也能展現下雪的樣貌。
最後將小熊巧克力放到雪球上，再用馬林糖片、糖粉做裝飾。

海綿蛋糕 GENOISE	鮮奶油霜 CREAM
原味海綿蛋糕（參照P.32） 直徑4公分，厚1公分—3片 直徑5公分，厚1公分—4片 直徑7公分，厚1公分—5片 直徑8公分，厚1公分—4片 長26公分，寬8公分， 厚1公分—5 片	**夾層鮮奶油霜** 鮮奶油250克、細砂糖25克、 咖啡精8克、煉乳10克 **抹面鮮奶油霜** 鮮奶油300克、細砂糖20克、 咖啡精8克、煉乳10克

工具 TOOLS	裝飾 DECORATION
長方形慕斯圈 （長20公分，寬8公分）、 抹刀、刮板、塑膠刮片	椰子粉、北極熊形巧克力、 馬林糖片、糖粉

〈步驟〉

01 備妥長26公分、寬8公分的蛋糕片,開始夾餡。長方形蛋糕片的夾餡,可用擠花袋做鮮奶油霜擠
　　花。先擠好輪廓,再填滿裡面。

02 使用抹刀,抹平夾餡鮮奶油霜。

03 以相同方式,完成5層夾餡,完成後如上圖。

04 放上鮮奶油霜,蛋糕表面分成兩半,先將一側的鮮奶油霜推展開。

05 轉動轉枱,將另一側的鮮奶油霜也推展開。

06 垂直拿著抹刀,以「前後前後」的手勢大幅移動,將流下蛋糕側邊的鮮奶油霜均勻抹開。

07 用抹刀挖取與蛋糕等高的鮮奶油霜,將鮮奶油霜抹至蛋糕下面。

08 使用刮板,俐落完成蛋糕側邊的抹面。

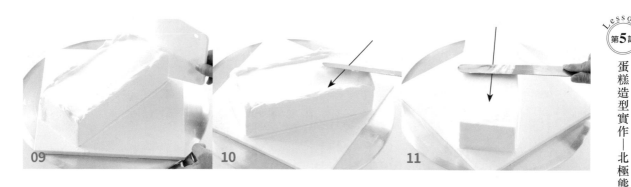

09 當刮板抹到蛋糕側邊的邊角，手抹面時不出力，以免刮掉邊角鮮奶油霜。

10 重複按照「角→面」的順序，完成蛋糕側邊的抹面，抹平鮮奶油牆。

11 將抹刀握長一點，一氣呵成向兩側刮掃，抹平鮮奶油牆收尾。

12 接著裁剪小的圓弧蛋糕片。將裁剪為直徑8公分的海綿蛋糕片疊起來。

13 用剪刀將最上層的蛋糕片裁剪成圓弧狀。

14 直徑4、5、7公分海綿蛋糕也同樣將最上層修整成圓弧狀備用。

TIPS

❶ 步驟01是使用18公分正方形慕斯圈，將烤好的蛋糕體配合尺寸裁剪連接。

❷ 步驟15中，用擠花袋做夾餡鮮奶油霜的擠花，可以縮短時間，使得操作更俐落。

15 用擠花袋做鮮奶油霜的擠花，即可輕鬆夾餡。

16 一手保持抹刀不動，一手轉動轉枱，將表面的鮮奶油霜抹平整。

17 以相同方式完成夾餡，用拇指輕壓最上層蛋糕片邊緣，再次塑型成圓弧狀。

18 使用抹刀，將側邊掉出來的鮮奶油霜刮除，修整成圓形。

19 準備好的蛋糕片全以相同方式夾餡。

20 進行圓弧蛋糕的抹面。分三部分放上鮮奶油霜。

21 用抹刀輕輕抹開鮮奶油霜，讓鮮奶油霜可以流到蛋糕下方。

22 垂直拿著抹刀，以「前後前後」的手勢大幅移動，將流下蛋糕側邊的鮮奶油霜抹開。

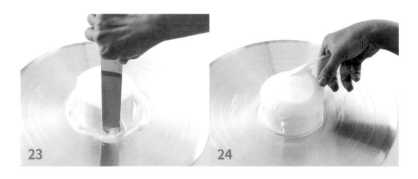

23 將蛋糕側邊的厚度調整為一致。

24 使用自製的塑膠刮片修整，更易自由調整角度，做好圓弧形抹面。

TIPS

❸ 步驟20中，最好一次塗上鮮奶油霜，快速抹面。因為蛋糕比較小，抹刀觸碰的次數會越多，導致蛋糕在轉枱上移位，若無法對齊中心，操作抹面更困難。

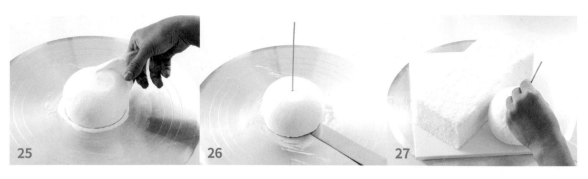

25 繼續抹面，直到表面的直徑變窄。

26 蛋糕的正中央插入長籤。左手握長籤，右手用抹刀提起蛋糕，移至蛋糕底盤。

27 將長方形蛋糕移到底盤中間之後，拿掉長籤。

28 用抹刀抹除長籤的痕跡。

29 以相同方式移動所有的圓弧蛋糕。

30 蛋糕與蛋糕之間，放上北極熊巧克力飾品。

TIPS

❹ 步驟26中，這時在蛋糕黏上椰子粉後再移動，會更乾淨俐落。

❺ 步驟27中，將最大尺寸的圓弧蛋糕放在底盤，再將各種尺寸的小圓弧蛋糕放到長方形蛋糕上面即可。

❻ 步驟30中，免調溫白巧克力與白色色素（二氧化鈦）混合，倒入北極熊形模具，凝固後使用。

31 中間再撒上糖粉和馬林糖片，大功告成囉！

Cake 34.

小熊雙層蛋糕

這是為了兒童節而製作的小熊雙層蛋糕。

蛋糕尺寸要比 1 號（6 吋）略小一點，成品看起來更可愛。

用鮮奶油霜製作的雙層蛋糕，

抹面好的側邊鮮奶油霜會因為時間，可能變得凹凹凸凸。

若要掩蓋這一點，推薦使用有圖紋的細齒不鏽鋼圓弧刮片來抹面，

勝於使用平面不鏽鋼圓弧刮片。第 1 層和第 2 層都使用細齒不鏽鋼圓弧刮片比較保險，

若想使風格更簡潔，也可以只在第 1 層使用細齒不鏽鋼圓弧刮片抹面。

為了讓小熊看起來可愛，最重要的部分是在適當位置擠花，

以及控制好小尺寸塑膠刮片修整擠花鮮奶油霜。

海綿蛋糕 GENOISE	鮮奶油霜 CREAM
巧克力海綿蛋糕（參照P.34） 直徑13公分，厚1公分一5片 直徑7～8公分，厚1公分一4片 ＊用直徑13公分、7～8公分圓形慕斯圈 裁剪直徑15公分海綿蛋糕備用	**夾層鮮奶油霜** 鮮奶油270克、細砂糖35克、 可可粉27克 **抹面鮮奶油霜** 鮮奶油270克、細砂糖35克、 可可粉27克

工具 TOOLS	裝飾 DECORATION
細齒不鏽鋼圓弧刮片、 塑膠刮片、809號圓形花嘴	尖頂帽、 緞帶與心形巧克力裝飾物、 巧克力豆、巧克力球、蛋糕插旗

Oh!
Happy Day

〈步驟〉

01 裁剪成直徑13、高1公分的海綿蛋糕5片後夾餡，用剪刀將最上層蛋糕片的邊緣修整成圓弧形，放上足以覆蓋蛋糕的鮮奶油霜。

02 一邊轉動轉枱，一邊用抹刀來回推抹鮮奶油霜，將鮮奶油霜抹開，再將表面的鮮奶油霜抹至平整。

03 垂直拿著抹刀，以「前後前後」的手勢大幅移動，將流下蛋糕側邊的鮮奶油霜均勻抹開。

04 用細齒不鏽鋼圓弧刮片做蛋糕側邊抹面。

05 收邊時，將不鏽鋼圓弧刮片的前側刀刃拉開角度，再轉一兩圈轉枱，讓側邊圖紋更明顯。

06 由於是表面直徑狹窄的圓弧形蛋糕，將抹刀握短一點，從外往內刮掃，抹平鮮奶油牆。

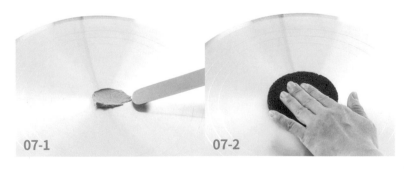

07 接著製作小熊的頭，第2層蛋糕的夾餡與抹面。由於蛋糕片小，在夾餡與抹面時可能移位，所以要在轉枱上塗一點鮮奶油霜，把蛋糕片固定住。

TIPS

❶ 步驟02中，因為上方還要放一個小熊頭蛋糕，所以第1層蛋糕的表面抹面，鮮奶油霜薄薄塗抹，別塗太厚。

❷ 步驟06中，小熊第2層蛋糕的重點是「第1層蛋糕抹面時，表面直徑要確實變窄」。如果表面直徑過寬，放上第2層蛋糕時，第1層與第2層蛋糕之間出現大幅落差，小熊就不可愛了。

08 蛋糕片尺寸小，所以別重複推抹，抹刀上沾鮮奶油霜，一邊轉動轉枱，一邊一氣呵成完成夾餡。

09 手不出力，一手垂直拿抹刀，一手轉動轉枱，刮除側邊多餘的鮮奶油霜。

10 用抹刀從外往內刮掃，抹平鮮奶油牆。

11 以相同方式完成夾餡，用拇指輕壓最上層的蛋糕片，塑型成圓弧狀。

12 用抹刀刮除蛋糕表面和側邊多餘的鮮奶油霜，再度修整為圓弧形。

13 備妥第1層蛋糕抹面時使用的細齒不鏽鋼圓弧刮片。第2層蛋糕尺寸較小，不鏽鋼圓弧刮片要再彎折些後使用。

14 手不出力，握住不鏽鋼圓弧刮片中間部分的邊緣進行抹面。

15 塑型收邊，直到蛋糕表面的直徑變窄成圓弧形。

16 握住抹刀前側刀刃尖端部分，從外往內刮掃，抹平鮮奶油牆。

17 第2層蛋糕正中央插入長籤。左手握長籤，右手用抹刀提起蛋糕，移至第1層蛋糕的正中央。

18 用抹刀抹除長籤的痕跡。

19 使用809號圓形花嘴，按照「腳→手→鼻→耳」的順序擠花。

20 用塑膠刮片修整鮮奶油霜擠花的外觀。

21 小熊頭戴尖頂帽，眼睛貼上小顆的巧克力球，耳朵旁邊貼上緞帶形巧克力，胸前貼上心形巧克力。

22 鼻子貼上巧克力豆，手插上蛋糕插旗，大功告成囉！

TIPS

❸ 步驟20中，使用抹面剩下的鮮奶油霜修整。小熊的鼻子和
手靠得越近，成品看起來越可愛。

❹ 步驟21中，將免調溫白巧克力與紅色色素混勻，倒入緞帶
形模具、心形模具，凝固後使用。

❺ 步驟22中，鼻子和眼睛的距離越小，小熊的表情越可愛。

用巧克力筆取代巧克力球，畫出小小圓圓的眼睛也很可愛。

同場加映

水果夾餡雙層蛋糕操作注意事項

01 夾餡水果只用於第1層蛋糕（身體部分）的夾餡。如果連第2層蛋糕也夾餡的話，水果的水分與重量，會使蛋糕過一段時間後往下沉。

02 夾餡水果的厚度裁剪為0.5公分以下備用。

03 海綿蛋糕裁剪為厚1公分。

04 第1層蛋糕（身體部分）用5片海綿蛋糕夾餡，頭的部分用4片、而非5片海綿蛋糕夾餡，這樣蛋糕成品的比例才穩定。

05 塗在蛋糕片上的糖漿，為了增添味道和切面色感，最好薄薄地塗上草莓糖煮水果或覆盆子糖煮水果。這時建議在距離蛋糕線1公分內側塗薄層，糖煮水果才不會外露。

Cake 35.

雪人雙層蛋糕

這是 2020 年冬天，受到許多人歡迎的雪人蛋糕。

不論是課堂上，還是聖誕季的快閃銷售，這款造型蛋糕深受眾人喜愛。

為了表現出圓滾滾的雪人，身體部分用粗齒不鏽鋼圓弧刮片抹面，

還圍上溫暖柔軟的棉花糖圍巾。

一般市面販售的白色鮮奶油，由於鮮奶油霜較稀、黏性較差、容易變得粗糙，

所以考慮到操作、外觀維持、表面光澤等面向，在鮮奶油中添加煉乳。

加入煉乳、馬斯卡彭乳酪（Mascarpone）或轉化糖的鮮奶油，

會比只放入細砂糖的鮮奶油霜更容易操作。

海綿蛋糕 GENOISE	鮮奶油霜 CREAM
原味海綿蛋糕（參照P.32） 直徑13公分，厚1公分— 5片 直徑7～8公分，厚1公分— 4片 ＊用直徑13公分、7～8公分圓形慕斯圈 裁剪直徑15公分海綿蛋糕備用	**夾層鮮奶油霜** 鮮奶油240克、細砂糖25克、 草莓糖煮水果（參照P.25）40克 **抹面鮮奶油霜** 鮮奶油220克、細砂糖10克、 煉乳20克

工具 TOOLS	裝飾 DECORATION
抹刀、粗齒不鏽鋼圓弧刮片、 塑膠刮片、806號花嘴	**棉花糖圍巾** 澱粉10克、糖粉10克、 吉利丁片5克、水25克、 細砂糖60克、蛋白30克、椰子粉適量 尖頂帽、巧克力筆、橘色厚紙

〈步驟〉

01 鐵盤上鋪烤盤布(鐵氟龍布)，充分撒上澱粉和糖粉。吉利丁片放入冰塊水中泡軟，取出擰乾水分，放入微波爐加熱融化。將806號花嘴先裝在擠花袋上備用。

02 開始打發蛋白。同時將水、細砂糖放入鍋中，加熱至118°C。

03 蛋白打至起泡時，一點一點倒入118°C的糖漿，同時高速打發。這時也放入融化的吉利丁片。

04 待蛋白霜的尖端變硬時，即打發完成。

05 將步驟**04**快速填入裝上806號花嘴的擠花袋中，在烤盤布上擠花一字。

06 棉花糖(步驟**05**)表面乾掉之前，撒上滿滿椰子粉，在室溫下晾乾。剪成所需長度。

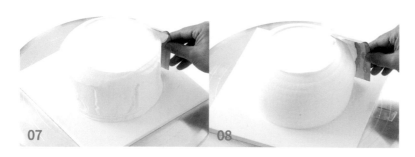

07 參照 P.182 ，完成圓弧形蛋糕抹面打底備用。用粗齒不鏽鋼圓弧刮片開始抹面。

08 不鏽鋼圓弧刮片後側刀刃維持觸貼蛋糕3點鐘方向，直到完成抹面。

TIPS

❶ 步驟**07**中，為形塑圓弧形，彎折不鏽鋼圓弧刮片使用。這時蛋糕下面的部分可做垂直抹面或稍微內收，上面的部分抹面抹得比較圓。

 或

❷ 步驟**08**中，若要清楚凸顯蛋糕側邊的圖紋，在抹面最後階段，將不鏽鋼圓弧刮片拉開角度，再轉一兩圈轉枱收尾。

09 用抹刀從外往內刮掃，抹平鮮奶油牆。

10 以相同方式完成夾餡、抹面的第2層蛋糕，彎折小型塑膠刮片進行抹面。

11 以與第1層蛋糕相同方式，完成圓弧形抹面。

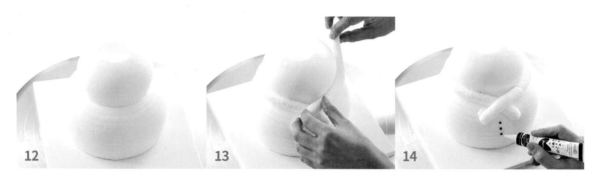

12 第2層蛋糕正中央插入長籤。左手握長籤，右手用抹刀提起蛋糕，移至第1層蛋糕的正中央。

13 用裁剪適當長度的棉花糖(步驟06)，圍成圍巾。

14 用巧克力筆畫出鈕釦、眼睛、嘴巴。

TIPS

❸ 步驟13中，在第1層與第2層蛋糕之間，圍上棉花糖圍巾之類的飾品，不僅更可愛，也可以覆蓋第1層與第2層蛋糕連結的部分。此外，第2層蛋糕也會得到支撐而更為穩固。

❹ 步驟15中，尖頂帽、橘色鼻子可剪下厚紙製作。橘色鼻子也可以用巧克力製作後貼上。

15 戴上尖頂帽，插上用橘色厚紙做成的鼻子，大功告成囉！

Cake 36.

鮮花雙層蛋糕

這是為婚禮或新娘婚前派對等紀念日構思的造型蛋糕。

若設計成雙層蛋糕，基本上在下面用 5 片蛋糕、上面則使用 4 片蛋糕夾餡；

但這款蛋糕中間使用的鮮花裝飾會遮到第 2 層的部分，

所以上下都用 5 片蛋糕夾餡。

如果想讓蛋糕結構上更穩定的話，建議上下都用 5 片蛋糕夾餡，

若是想要增添乾淨俐落的美感，

也可以下面用 5 片蛋糕、上面用 6 片蛋糕夾餡。

海綿蛋糕 GENOISE	鮮奶油霜 CREAM
原味海綿蛋糕（參照P.32） 直徑13公分，厚1公分一5片 直徑7公分，厚1公分一5片 ＊用直徑13公分、7公分圓形慕斯圈 裁剪直徑15公分海綿蛋糕備用	**夾層鮮奶油霜** 鮮奶油240克、細砂糖25克、 草莓糖煮水果（參照P.25）40克 **抹面鮮奶油霜** 鮮奶油220克、細砂糖10克、 煉乳20 克

工具 TOOLS	裝飾 DECORATION
抹刀、射線刮板、木籤	白色康乃馨或白色紫羅蘭、 假葉樹（Ruscus）葉

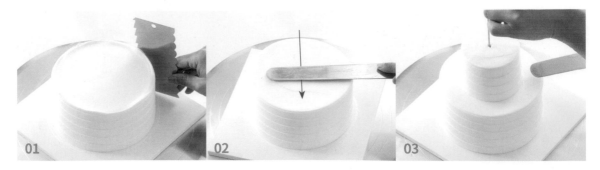

〈步驟〉

01 參照 P.21 ，完成圓形蛋糕抹面備用。用射線刮板開始抹面。

02 用抹刀從外往內刮掃，抹平鮮奶油牆。

03 在以相同方式完成抹面的第2層蛋糕正中央插入長籤。左手握長籤，右手用抹刀提起蛋糕，移至第1層蛋糕正中央。

04 用抹刀輕掃表面，抹除長籤的痕跡。

05 在第1層與第2層蛋糕連結的部分，插入紫羅蘭。

06 比起一朵一朵插入，一次抓兩三朵花插入的方式，外觀更自然。以捆紮方式插入時，要先用木籤鑽孔。

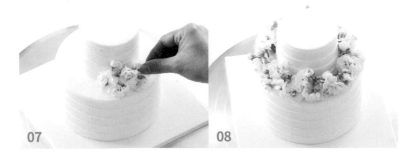

TIPS

❶ 步驟05中，裝飾蛋糕使用的鮮花，可先用稀釋的小蘇打水或蔬果清洗劑輕輕清洗花朵，完全拭去水分備用。

07 將捆紮的花束對準插入孔中。

08 以相同方式將鮮花裝飾成環形。

09 蛋糕表面也插入一束鮮花,形成視覺重點。位置先想好再以木籤鑽孔。

10 插上捆紮的花束。

11 最後於鮮花中間再穿插假葉樹葉,大功告成囉!

雙層
&
三層蛋糕

Cake 37.

冰淇淋三層蛋糕

這是在構思適合夏天的蛋糕時所製作而成。

就像是用冰淇淋勺舀起各種口味的冰淇淋般，

中間還加上甘納許淋面，做出華麗又可愛的蛋糕。

由於是 3 層蛋糕，為了維持外觀，第 1 層和第 2 層蛋糕都用粗齒不鏽鋼圓弧刮片抹面。

巧克力蛋糕的部分，可以貼上許多與巧克力口味相搭的餅乾或巧克力。

小朋友們很喜歡吃第 3 層蛋糕，

拿掉巧克力的第 2 層，也很受長輩歡迎。

海綿蛋糕 GENOISE	鮮奶油霜 CREAM	
巧克力海綿蛋糕（參照P.34） 直徑 15 公分，厚 1 公分─4 片 **原味海綿蛋糕**（參照P.32） 直徑12公分，厚1公分─4 片 直徑7～8公分，厚1公分─4 片 ＊用直徑12公分、7～8公分圓形慕斯圈 裁剪直徑15公分海綿蛋糕備用	**夾層鮮奶油霜（第1層）** **抹面鮮奶油霜（第1層）** **夾層鮮奶油霜（第2層）** **抹面鮮奶油霜（第2層）** **夾層＆抹面鮮奶油霜（第3層）**	鮮奶油160克、細砂糖20克、可可粉16克 鮮奶油160克、細砂糖20克、可可粉16克 鮮奶油150克、細砂糖15克、 櫻桃糖煮水果（參照P.25）30克 鮮奶油130克、細砂糖13克、 櫻桃糖煮水果（參照P.25）30克 鮮奶油120克、細砂糖12克、 芒果香蕉糖煮水果（參照P.25）30克

工具 TOOLS	裝飾 DECORATION
抹刀、細齒不鏽鋼圓弧刮片、 平面不鏽鋼圓弧刮片、 覆盆子形模具	黑巧克力甘納許（參照P.30）、 草莓甘納許（參照P.29）、芒果甘納許（參照P.30）、 覆盆子形巧克力、珠光糖珠、 各種市售餅乾、蛋糕插旗

01　02-1　02-2

〈步驟〉

01 裁剪好要使用的蛋糕片後,將最上層的蛋糕片修圓備用。如圖,第1層使用巧克力海綿蛋糕、第2層、第3層使用原味海綿蛋糕。

02 參照 P.188 ,第1層、第2層、第3層蛋糕,全部以與「雪人雙層蛋糕」相同的方式抹面備用。

02-3　03　04

03 第2層蛋糕正中央插入長籤,左手握長籤,右手用抹刀提起蛋糕,移至第1層蛋糕正中央。第3層蛋糕也以相同方式移好。

04 將黑巧克力甘納許填入擠花袋,擠在第1層、第2層蛋糕連結的部分,讓它自然流下。

05　06

05 將草莓甘納許擠在第2層、第3層蛋糕連結的部分,讓它自然流下。

06 用芒果甘納許在第3層蛋糕表面擠花。

TIPS

❶ 步驟02中,第1層、第2層蛋糕用粗齒不鏽鋼圓弧刮片抹面,第3層蛋糕用平面不鏽鋼圓弧刮片抹面。

❷ 步驟04中,三層蛋糕做甘納許淋面時,在蛋糕疊起來之後再操作,會比較穩定。

❸ 步驟05中,草莓甘納許和芒果甘納許在完全放涼後使用,否則淋面操作時會太稀軟,而容易流下來。

07　用抹刀輕輕掃過，讓芒果甘納許能夠自然流下。

08　在第1層蛋糕貼上餅乾和巧克力餅乾，在第2層、第3層蛋糕放上珠光糖珠和覆盆子形巧克力，大功告成囉！

TIPS

❹ 步驟08中，將免調溫白巧克力與紅色色素混勻，倒入覆盆子形模具，凝固後即可使用。

Cake 38.

圓木蛋糕

這是適合聖誕季節的圓木蛋糕。

最大的特色在於大小不一的樹木高低錯落，使用白鮮奶油霜來表現積雪。

如果鮮奶油不容易達到適合淋面的打發程度，

使用白甘納許（參照 P.28）也是一個好方法。

這個造型蛋糕在完成後撒上雪白糖粉，側邊裝飾的圖紋會更明顯。

雪白糖粉撒在蛋糕側邊時，

可以用毛筆沾糖粉，再輕輕揮拂到蛋糕表面。

海綿蛋糕 GENOISE	鮮奶油霜 CREAM
巧克力海綿蛋糕（參照P.34） 直徑10公分，厚1.5公分一7片 直徑7～8公分，厚1.5公分一5片 ＊用直徑10公分、7～8公分圓形慕斯圈 裁剪直徑15公分海綿蛋糕備用	**夾層鮮奶油霜** 鮮奶油270克、細砂糖35克、 可可粉27克 **抹面鮮奶油霜** 鮮奶油270克、細砂糖35克、 可可粉27克

工具 TOOLS	裝飾 DECORATION
抹刀、圖紋刮片、 擠花袋、毛筆	白鮮奶油霜（參照P.24）、 雪白糖粉、鹿公仔

〈步驟〉

01 完成直徑10公分、7片夾餡蛋糕備用。

02 蛋糕表面放上大量鮮奶油霜。

03 一手保持抹刀不動，一手轉動轉枱，將表面的鮮奶油霜抹至平整，讓鮮奶油霜往側邊落下。

04 一手垂直拿抹刀，一手轉動轉枱，修整側邊的鮮奶油霜。

05 抹刀挖取與蛋糕等高的鮮奶油霜，以「前後前後」大幅移動，將蛋糕側邊沒有鮮奶油處完成抹面。

06 圖紋刮片的深溝槽後側刀刃緊貼蛋糕側邊，上下自然搖晃，抹面產生圖紋。

07 用抹刀從外往內刮掃，抹平鮮奶油牆。

08 以相同方式將完成抹面的蛋糕移至底盤。

09 為了方便，用擠花袋在蛋糕表面做白鮮奶油霜擠花，用抹刀抹開，呈現出自然流動的樣子。

10 其他蛋糕也以相同方式完成淋面。

11 將雪白糖粉撒在蛋糕上面。

12 蛋糕側邊用毛筆沾糖粉,再以手輕輕撣拂撒落,大功告成囉!

Cake 39.

以側邊裝飾完成的樹形蛋糕

這是每年聖誕節廣受歡迎的樹形蛋糕。
用有圖紋的刮片在蛋糕側邊上下漾動,打造出自然的線條。
調整圖紋的間距,蛋糕成品的感覺截然不同。
撒上雪白糖粉的瞬間,線條更加清楚鮮明。
再撒上大大小小圓滾滾的珠光糖珠,
營造出如下雪般的可愛景象。

海綿蛋糕 GENOISE	鮮奶油霜 CREAM
巧克力海綿蛋糕(參照P.34) 直徑15、13、12、10、8、6、 4.5、2.5 公分,厚1公分一各1片 ＊用各種尺寸的圓形慕斯圈 裁剪直徑15公分海綿蛋糕備用	**夾層鮮奶油霜** 鮮奶油250克、細砂糖15克、 焦糖醬 30克、咖啡精10克 **抹面鮮奶油霜** 鮮奶油200克、細砂糖15克、 煉乳10 克、艾草粉17克

工具 TOOLS	裝飾 DECORATION
抹刀、刮板、圖紋刮片	珠光糖珠、雪白糖粉

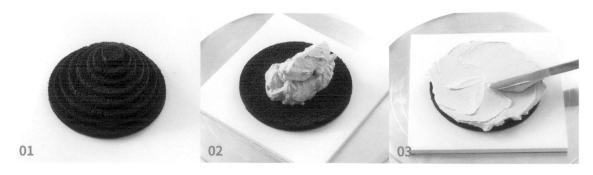

〈步驟〉

01 裁剪直徑15、13、12、10、8、6、4.5、2.5公分的蛋糕片備用。

02 將最大片的海綿蛋糕放上底盤,用刮刀放上大量鮮奶油霜。

03 邊轉動轉枱,邊用抹刀來回推抹鮮奶油霜,將鮮奶油霜抹開。也可配合蛋糕片的形狀,用擠花袋做鮮奶油霜擠花夾餡。

04 一手保持抹刀不動,一手轉動轉枱,將表面的鮮奶油霜抹至平整。

05 配合樹形斜握抹刀,稍微側開一點角度,一邊轉動轉枱,一邊刮除側邊多餘的鮮奶油霜。

06 用抹刀從外往內刮掃,抹平鮮奶油牆。

TIPS

❶ 步驟05中,轉枱只要轉一圈就好,避免鮮奶油霜升高太多。

❷ 步驟07中,放上蛋糕片時,從上方仔細看,蛋糕片要對準下面蛋糕的正中央。

07 對準正中央,放上第2片蛋糕。

08 以相同方式做蛋糕夾餡,中間不時刮除側邊多餘的鮮奶油霜。

09 夾餡作業時,注意別讓蛋糕往一邊傾斜。

10 用剩下的夾餡鮮奶油霜抹面打底,型塑樹形。

11 挖取長條鮮奶油霜至抹刀上,從蛋糕側邊底部向上拉抹鮮奶油霜。

12 最上層的蛋糕片也補上鮮奶油霜。

13 將抹刀握長一點,簡單做抹面打底,型塑樹形。

14 用艾草煉乳鮮奶油霜抹面。用抹刀挖取長條鮮奶油霜抹面,使在短時間內把鮮奶油霜塗到蛋糕側邊。

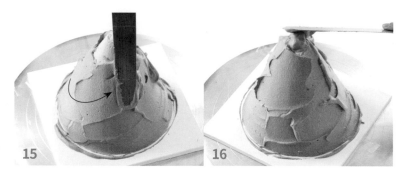

TIPS

❸ 操作步驟10時,要配合樹形,
　斜握抹刀抹面。

15 從蛋糕側邊底部向上拉抹鮮奶油霜。

16 最上面的部分也要補上鮮奶油霜。

17 用大型刮板抹面,再次型塑圓錐狀。

18 粗齒圖紋側邊裝飾刮板緊貼蛋糕側邊,上下自然搖晃,產生圖紋。

19 將刮板向上抽出收尾。

20 整個蛋糕都撒上雪白糖粉。

21 黏上珠光糖珠,增添成品的華麗感,大功告成囉!

TIPS

❹ 步驟**17**抹面時,轉兩圈轉枱就好。抹面只要稍微塑型即可,以免鮮奶油霜分離。

❺ 步驟**18**中,不規則的圖紋比規則圖紋更自然。要注意,如果刮板的角度太開,抹面時會刮掉太多鮮奶油霜。

Cake 40.

以花嘴擠花完成的樹形蛋糕

若想樹形蛋糕視覺上呈現得更豐盛，可以用擠花方式製作整個蛋糕。

這時適合運用小型花嘴，更優於大型花嘴。

用從左下往右上斜線拉提的擠花方式，不留空隙填滿蛋糕。

擠花本身就散發出華麗感，最後再以銀箔點綴裝飾即可。

海綿蛋糕 GENOISE	鮮奶油霜 CREAM
巧克力海綿蛋糕（參照P.34） 直徑15、13、12、10、8、6、 4.5、2.5 公分，厚1公分一各1片 **＊用各種尺寸的圓形慕斯圈 裁剪直徑15公分海綿蛋糕備用**	**夾層鮮奶油霜** 鮮奶油250克、細砂糖15克、 焦糖醬 30克、咖啡精10克 **抹面＆裝飾鮮奶油霜** 鮮奶油300克、細砂糖20克、 煉乳20克、艾草粉20克

工具 TOOLS	裝飾 DECORATION
抹刀、刮板、685號花嘴	食用銀箔

209

〈步驟〉

01 參照 P.206 「以側邊裝飾完成的樹形蛋糕」，以相同方式完成蛋糕抹面備用。

02 用685號花嘴，從蛋糕底部開始擠花。

03 往斜線方向拉提擠花。

04 注意擠花的鮮奶油霜長度別太長，持續操作。

05 向上擠花，直到蛋糕頂端。

06 以食用銀箔點綴裝飾，大功告成囉！

TIPS

❶ 步驟02擠花時，斜剪擠花袋的尾端，也可以替代685號花嘴操作。

❷ 步驟05中，如果擠花太慢的話，鮮奶油霜可能會分離而變得粗糙，所以建議在最短時間內操作完成。

圖紋刮片－使用P.224的 Ｅ 邊做側邊抹面的應用版樹形蛋糕。

Cake 41.

巨無霸奧利奧蛋糕

我思考著是否有趣味的蛋糕吃法，才製作出這款蛋糕。

吃這款夾有奧利奧鮮奶油蛋糕的大型蛋糕，

建議先將蛋糕表面的巧克力蓋拿下，用槌子「！」敲碎，

然後用刀切開裡頭的奧利奧鮮奶油蛋糕，再用槌子「！」敲碎最後底部的巧克力來吃。

考量到巧克力模具的尺寸，2 號（7 吋）蛋糕正好合適，

但如果抹面稍微厚一點，可能會套不進巧克力模，或者在取出蛋糕的過程中損壞蛋糕。

因此，不熟悉抹面或移動蛋糕的人，推薦製作 1 號（6 吋）蛋糕。

製作 1 號（6 吋）時，蛋糕的高度別太高，側邊抹面要比平時厚一點，

這樣巧克力和蛋糕之間的空間才不會太開，成品才漂亮。

海綿蛋糕 GENOISE	鮮奶油霜 CREAM
巧克力海綿蛋糕（參照P.34） 直徑18公分，厚1.5公分一3片	**夾層鮮奶油霜** 鮮奶油240克、細砂糖30克、 可可粉 24克 **夾餡** 稍微沾點牛奶的奧利奧餅乾適量 **抹面鮮奶油霜** 鮮奶油200克、細砂糖20克、 奧利奧餅乾碎片15克
工具 TOOLS	裝飾 DECORATION
抹刀、奧利奧形模具	奧利奧形巧克力、 迷你木槌、緞帶

蛋糕造型實作──巨無霸奧利奧蛋糕

<〈步驟〉>

01 將融化的免調溫黑巧克力倒入奧利奧形模具。

02 旋轉模具，讓巧克力覆蓋整個模具，連模具側邊也要均勻沾上。

03 巧克力凝固時，以相同方式再操作2～3次，最容易碎裂的側邊部分，再沾塗一次。

04 巧克力凝固時，脫模，一共製作2個。

05 將夾餡用的奧利奧餅乾，浸入牛奶2～3秒再取出使用，切蛋糕時才會俐落好切。

TIPS

步驟04中要注意，如果巧克力沾塗得太薄，從模具取下的過程中可能會破掉，反之，如果沾塗得太厚，蛋糕能夠裝進去的空間會太狹小。以2號（7吋）蛋糕為基準，適當厚度大約為0.4公分。

06 參照 P.21 ，完成圓形蛋糕抹面備用。

07 做好的奧利奧形巧克力對準正中央，放上蛋糕底盤。

08 用抹刀小心移動蛋糕,放到奧利奧形巧克力上方。

09 剩下的奧利奧形巧克力,當成蓋子蓋上。

10 最後繫上緞帶,大功告成囉!

Cake 42.

旋轉木馬蛋糕

這是一款用鮮奶油呈現的簡約素雅風六角形旋轉木馬蛋糕。

「鮮奶油真的可以做六角形抹面嗎？」

基於好奇，我嘗試了這款蛋糕。

嘗試抹面時，我從方形蛋糕側邊得到提示。

用巧克力製作的馬，我試著貼在蛋糕側邊，也試著以不同高度立在蛋糕表面。

木馬形巧克力，建議以高矮不一的方式插入，

給人一種旋轉木馬上下起伏的感覺。

海綿蛋糕 GENOISE	鮮奶油霜 CREAM
原味海綿蛋糕（參照P.32） 正六角形15.5公分，厚1公分一5片 ＊用15.5公分正六角形慕斯圈 裁剪18公分方形海綿蛋糕備用	**夾層鮮奶油霜** 鮮奶油210克、細砂糖21克、 咖啡精7克、煉乳10克 **抹面鮮奶油霜** 鮮奶油220克、細砂糖22克、 煉乳10克

工具 TOOLS	裝飾 DECORATION
六角慕斯圈（15.5公分）、抹刀、 方角刮片、木馬形模具、 桿形模具、烘焙紙	木馬形巧克力、桿形巧克力

〈步驟〉

01 裁剪六角形蛋糕片備用。六角形蛋糕片的夾餡,用擠花袋做鮮奶油霜擠花更容易,先從輪廓擠花。

02 外緣內部也用夾餡鮮奶油霜擠花填滿。

03 用抹刀將擠花的鮮奶油霜抹至平整。

04 一手垂直拿抹刀,一手轉動轉枱,刮除側邊多餘的鮮奶油霜。

05 以相同方式完成5片蛋糕的夾餡,然後刮除側邊多餘的鮮奶油霜。

06 將鮮奶油霜滿滿放上蛋糕表面,進行抹面打底。

07 一邊轉動轉枱,一邊用抹刀將鮮奶油霜向外推展開。

08 一手保持抹刀不動,一手轉動轉枱,將表面的鮮奶油霜抹至平整。

TIPS

❶ 步驟01中,六角形蛋糕片夾餡時,使用抹刀很費工,操作也不容易,推薦利用擠花袋擠花。

❷ 步驟04中,如果米色的夾層鮮奶油霜漏出蛋糕片外,碰到白色的抹面鮮奶油霜,蛋糕外觀可能會變得花花的,所以要注意別讓夾層鮮奶油霜漏到外面來。

09 一手垂直拿抹刀，一手轉動轉枱，修整蛋糕側邊的鮮奶油霜。

10 用抹刀挖取與蛋糕等高的鮮奶油霜，將蛋糕側邊沒有鮮奶油的地方完成抹面。

11 將鮮奶油霜放上表面，再次抹面。

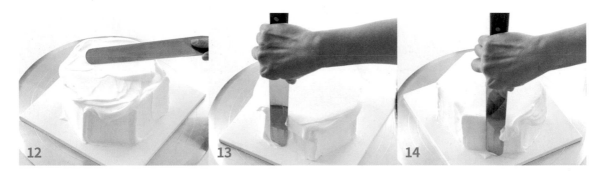

12 與抹面打底同一方式，從表面開始抹面。

13 一手垂直拿抹刀，一手轉動轉枱，修整流下蛋糕側邊的鮮奶油霜。

14 用抹刀挖取與蛋糕等高的鮮奶油霜，填滿蛋糕側邊。

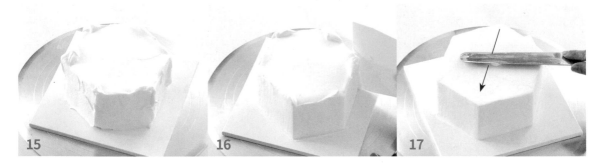

15 這是產生鮮奶油牆的樣子。

16 用方角刮片一面一面抹面。

17 側邊抹面完成後，蛋糕表面從邊角往中央刮掃，抹平鮮奶油牆。

18

18 蛋糕側邊黏上旋轉木馬巧克力
和立桿，表面插上木馬形巧克
力組合桿形巧克力飾品，大功
告成囉！

TIPS

❸ 步驟12中，抹面完成後的適當鮮奶油霜厚度為0.2～0.3公分。

❹ 步驟15中，用方角刮片進行蛋糕側邊抹面之前，抹刀要緊貼蛋糕
側邊塗上鮮奶油霜，才會產生鮮奶油牆。整個邊緣的鮮奶油牆升
高，才能在抹面完成後修整鮮奶油牆，讓六角形俐落成型。

❺ 步驟18中，將白色色素（二氧化鈦）混入免調溫白巧克力，製作
旋轉木馬飾品。將木馬形巧克力黏在桿形巧克力上備用。

Index

附錄

除了介紹製作本書作品會使用到的市售抹面刮片之外，

作者特別公開幾款圖樣刮片，

讓讀者可以將圖樣影印，

貼在材質硬挺的塑膠片上剪下使用，

自製塑膠刮片。

本書使用的抹面刮片＆圖樣

書中使用的抹面工具，可以在韓國首爾的芳山市場購買，或在網路上搜尋「側邊裝飾刮板」、「蛋糕刮板」、「不鏽鋼圓弧刮片」、「抹面刮片」、「方角刮片」等查詢購買。此外，書中某些塑膠刮片並非市售產品，而是將透明的蛋糕圍邊條，按照想要的尺寸裁剪後使用。下方介紹的抹面刮片，可以在Daon烘焙網站（www.daonbaking.com）和Congmom蛋糕教室買到。讀者也可以將P.224、P.225的圖樣影印後，貼在材質硬挺的塑膠片上，自製塑膠圖紋刮片使用。

細齒不鏽鋼圓弧刮片

小熊雙層蛋糕
（第1、2層）：P.180

粗齒不鏽鋼圓弧刮片

雪人雙層蛋糕
（第1層）：P.186
冰淇淋三層蛋糕
（第1、2層）：P.195

平面不鏽鋼圓弧刮片

陶瓷圓弧蛋糕：P.131
甜瓜滿滿的果籃蛋糕：P.142
草莓滿滿的果籃蛋糕：P.145

細齒方角刮片

雪莎巧克力環形蛋糕：
P.156
巧克力環形蛋糕：P.161

三能(Sanneng)刮板

康乃馨鮮花蛋糕：P.45
泡泡心形蛋糕：P.98
大褶邊擠花心形蛋糕：P.102
V形花嘴擠花心形蛋糕：P.105
覆盆子雙層心形蛋糕：P.108
巧克力籃心形蛋糕：P.112
櫻桃條層抹面蛋糕：P.118
藍莓條層抹面蛋糕：P.122
巧克力條層抹面蛋糕：P.124
甜瓜滿滿的果籃蛋糕：P.142
草莓滿滿的果籃蛋糕：P.145
線條擠花方形蛋糕：P.166
雪村蛋糕：P.170
北極熊方形＆圓弧蛋糕：
P.174
旋轉木馬蛋糕：P.216

樹形用刮板

以側邊裝飾完成的樹形蛋糕：
P.204
以花嘴擠花完成的樹形蛋糕：
P.209

射線刮板

Ⓐ 鮮花雙層蛋糕：P.190

條層刮板

Ⓐ 櫻桃條層抹面蛋糕：
P.118
Ⓐ 藍莓條層抹面蛋糕：
P.122
Ⓐ 巧克力條層抹面蛋糕：
P.190

塑膠刮片（大）

塑型芒果蛋糕：P.50
塑型草莓蛋糕：P.53
大朵花蛋糕：P.56
蘋果花圓弧蛋糕：P.127
雪球蛋糕：P.134
夏日海洋蛋糕：P.146
聖誕花環蛋糕：P.152
北極熊方形＆圓弧蛋糕：
P.174

塑膠刮片（中）

雪人雙層蛋糕
（第2層）：P.186
冰淇淋三層蛋糕
（第3層）：P.195

塑膠刮片（小）

玫瑰花巧克力
杯子蛋糕：P.60
小熊雙層蛋糕(耳朵、
鼻子、手、腳)：P.180

圖紋刮片DIY

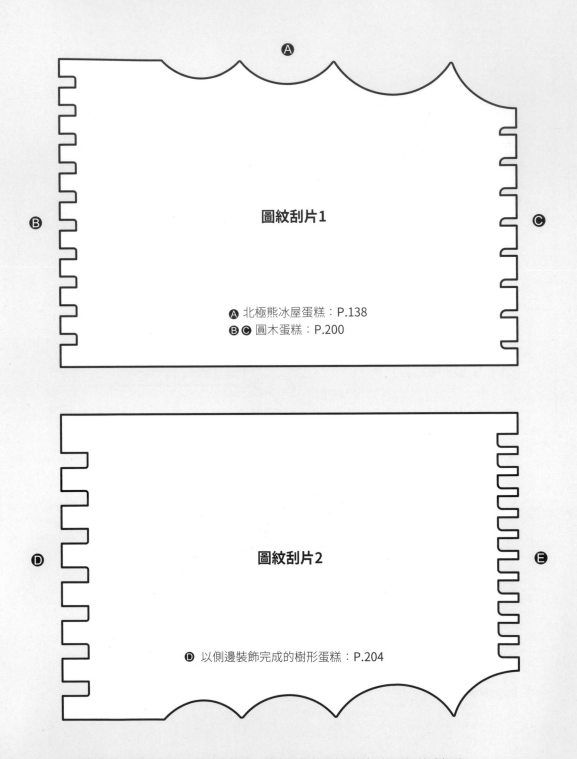

圖紋刮片1

Ⓐ 北極熊冰屋蛋糕：P.138
ⒷⒸ 圓木蛋糕：P.200

圖紋刮片2

Ⓓ 以側邊裝飾完成的樹形蛋糕：P.204

＊圖紋刮片1和2的差別在於紋齒粗細。讀者可根據蛋糕造型，選用細紋或粗紋。

圖紋刮片DIY

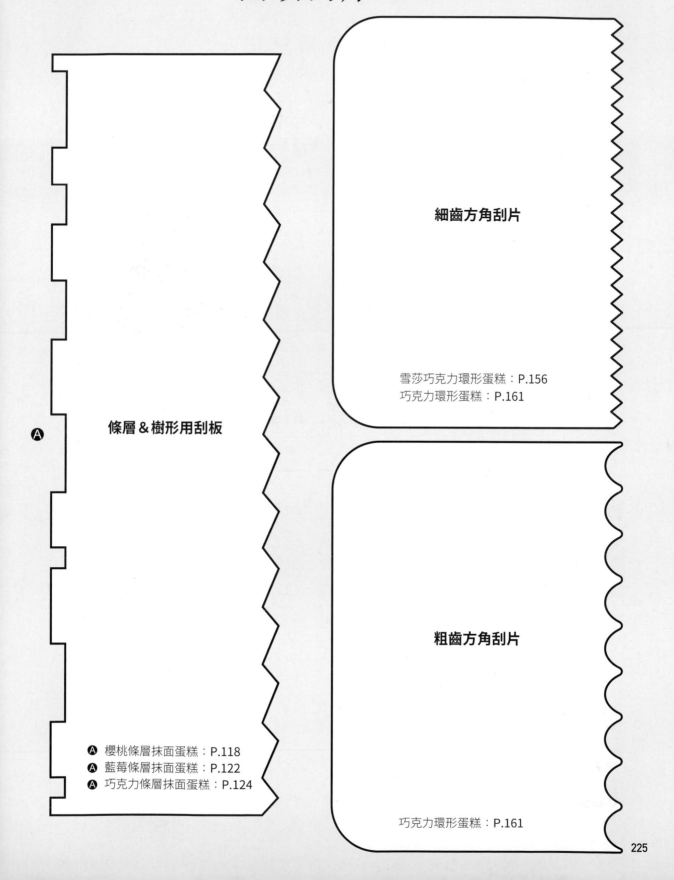

細齒方角刮片

雪莎巧克力環形蛋糕：P.156
巧克力環形蛋糕：P.161

條層＆樹形用刮板

Ⓐ 櫻桃條層抹面蛋糕：P.118
Ⓐ 藍莓條層抹面蛋糕：P.122
Ⓐ 巧克力條層抹面蛋糕：P.124

粗齒方角刮片

巧克力環形蛋糕：P.161

225

Cook50222

韓國甜點裝飾首席名師Congmom精選！
42款鮮奶油擠花蛋糕

解鎖 3 種鮮奶油霜＋4 種淋面甘納許＋4 種蛋糕體黃金配方與技法，
加贈 9 款 DIY 圖紋刮片

作者｜Congmom鄭賀蠕

翻譯｜賴姵瑜

美術完稿｜鄭雅惠

編輯｜彭文怡

校對｜連玉瑩

企劃統籌｜李橘

總編輯｜莫少閒

出版者｜朱雀文化事業有限公司

地址｜台北市基隆路二段13-1號3樓

電話｜02-2345-3868

傳真｜02-2345-3828

劃撥帳號｜19234566 朱雀文化事業有限公司

e-mail｜redbook@ms26.hinet.net

網址｜http://redbook.com.tw

總經銷｜大和書報圖書股份有限公司
　　　　02-8990-2588

ISBN｜978-626-7064-22-1

CIP｜427.16

初版一刷｜2022.08

定價｜580元

出版登記｜北市業字第1403號

콩맘의 케이크 다이어리 2 Cake Design Recipe
by Jung Hayeon
Copyright © 2022. iCox, inc.
All Rights Reserved.
This complex Chinese characters edition
was published by Red Publishing Co., Ltd. in
2022, by arrangement with iCox, Inc. through
Imprima Korea Agency & LEE's Literary Agency.

About買書：

●實體書店：北中南各書店及誠品、金石堂、何嘉仁等連鎖書店均有販售。建議直接以書名或作者名，請書店店員幫忙尋找書籍及訂購。

●●網路購書：至朱雀文化網站購書可享 85 折起優惠，博客來、讀冊、PCHOME、MOMO、誠品、金石堂等網路平台亦均有販售。

●●●郵局劃撥：請至郵局窗口辦理（戶名：朱雀文化事業有限公司，帳號：19234566），掛號寄書不加郵資，4本以下無折扣，5～9 本95折，10本以上9折優惠。